中公新書 1697

四方義啓著

数学をなぜ学ぶのか

中央公論新社刊

目　　次

第一章　生きている数学 …………………………3

　　安寿と厨子王が語る連立方程式　3
　　未知数に置き換える　5
　　マニュアルとオートマチック　9
　　鶴亀算　11
　　機械的計算法　13
　　インド流とアラビア流　17

第二章　現実を記述する技術としての数学 ………21

　　インド発アラビア数字　21
　　かぐや姫と無限大　24
　　掛け算の秘密と九九　27
　　いろいろな言語と数字　32
　　人間に嫌われた？二進法　35

第三章　二進法の国 …………………………39

　　なぜかホッとする十進法　39
　　不思議な掛け算　40
　　手品のミソ　43
　　掛け算がメッチャ簡単　45
　　技術的にも有利　47
　　二進法が得なわけ　49
　　オン・オフが作る論理の世界　51

アナログとデジタル　54
　　釣った魚の大きさは　58

第四章　サイン・コサインは三度習う … 63

　　絶えてサインのなかりせば……　63
　　手に取れないものを取る　64
　　ユークリッド先生の公理と証明　66
　　古代エジプトのピラミッド　68
　　サイン・コサインの必要性　70
　　線形性と非線形性　72
　　公式の詰め込み　73
　　三角比――レンズの設計　75
　　三角関数と三要素　77
　　カラーテレビの秘密――位相の活用　81
　　三角級数とミニディスク　85

第五章　幾何学を知らざるものは … 91

　　マセマティックスの誕生　91
　　幾何学を作る三つの部分　95
　　ゲームのルール　97
　　ユークリッド先生のすごさ Ⅰ　99
　　「すべての」三角形の普遍性　100
　　ユークリッド先生のすごさ Ⅱ　109
　　ユークリッド先生の弱点？　112
　　ギリシャ流の二次方程式の解法　115
　　アラビア流の解法　118
　　近代数学の始まり　119

第六章　おもしろい幾何学 …………………125

　図表を用いた足し算・掛け算　125

　手品の種明かし──対数　129

　アナログ感覚を養う　133

　ふたたびデジタルとアナログ　135

第七章　ニュートンは何を考えていたのか………139

　ニュートンさんとニュルトン氏　139

　数理名探偵ニュルトン氏　140

　迷路に入ったニュルトン氏　144

　気配と微分　146

　インドと禅と気配と武道　148

　ゼノンの悪魔と極限　151

　無限の悪魔に立ち向かう　153

　コーシーさんの苦労　158

　コーシーさんの実数への賛歌　164

　コーシーさんへの疑問　166

　数学の夢・私の夢　170

あとがき　173

数学をなぜ学ぶのか

第一章　生きている数学

安寿と厨子王が語る連立方程式

　インドが数学先進国だったころ、観音経のなかではもちろんのこと、『西遊記』などの多くの場面で観音様は大活躍をなさっていた。その一つに「安寿と厨子王」という物語がある。知り合いのインド人数学者にいわせると、この物語は「おらがの国」に由来するのだそうである。

　物語は、安寿と厨子王という姉弟が「自分探し」の旅に出かけるところから始まる。困難な旅の途中、足手まといになった安寿が犠牲になって入水（じゅすい）する。この安寿の犠牲のおかげで、困難を切り抜けることが出来た厨子王が、まず「自分探し」に成功する。そして入水してくれた健気（けなげ）な安寿のために観音様に祈ると、あーら不思議、死んだはずの安寿がよみがえる。こうして二人ともに「自分探し」に成功し、幸せを手にするというハッピーエンド、これぞ観音力というわけである。

　これをもとに、『山椒大夫（さんしょうだゆう）』という見事な文学作品をものしたのが大文豪、森鷗外だったことはご承知のとおりである。しかし文学とは縁遠い無粋な数学者である私めともなると、これを眺めて、「こりゃ、xとyの連立方程式の

ことらしいや」と早トチったとしてもしかたがない。というのも、未知数xとyを同時に含む方程式＝二元連立方程式の解き方が、どうしても安寿と厨子王の物語を連想させるからである。

　あとで述べるように、二元連立方程式を解くのは、未知数が一つだけの普通の（一元）方程式にくらべて難しい。この困難を乗り越えて、二つの未知数x、yがともに「自分を知る」、すなわち「求められる」ためには、まず未知数の一方、たとえばxに「死んでもらって」、数学的にいえば「消去して」、残りを未知数yだけにする……というのが現代の定石である。

　未知数が一つだけ、yだけの方程式ならなんとか解ける。だから、未知数yはなんとか求められる。こうして求められた未知数yに、「ちょいと願を掛ける」。すると、さっき「死んでもらった」未知数xが「生き返る」。数学的にいえば、「xが求められる」というのが、二元連立方程式の解法の仕掛けなのである。

　未知数xを安寿、未知数yを厨子王に見立てれば、私ならずとも、これが先の「安寿と厨子王」の筋立てにそっくりなのに驚かれるのではないだろうか？

　しかし、これを「出来すぎ、作りすぎ」とお感じの向きもあるかもしれないので、一言付け加えると、数学先進国インド、そしてアラビアにおいて、すでにそのころ（一元）方程式や（二元）連立方程式が考えられていたとしても不思議ではないのである。おまけに、この「安寿と厨子王」＝二元連立方程式？の物語は、実は「万寿姫」の物語とペアになっていたらしい。この万寿姫の物語が、今度

は（一元）方程式の取り扱いにそっくりなのである。

なお、インドの友人によると、当地では安寿も万寿もともに女の子の名前としてはポピュラーで、わが国でなら、さしずめ「きんさん」「ぎんさん」というところらしい。「万寿姫」の物語は、わが国では「鉢かずき姫物語」とも呼ばれているが、どうやら文学的にはあまり魅力がないようで、これをもとにした文学作品を私は知らない。ただ、戦前に流行った『長靴三銃士』という漫画は、これとデュマの『三銃士』をミックスしたものかもしれないと思っている。

私が聞かされている万寿姫の物語は、頭から（長靴ならぬ）鉢をかぶせられて誰ともわからなくされた万寿が、安寿と厨子王の場合と同様に「自分探し」の旅に出るところから始まる。そして、やはりさまざまな苦労をする。そんなある日、観音力によって鉢が割れ、その下から美しく輝く高貴な素顔が現われるというハッピーエンドになっている。

階級制度の厳しかった当時にあって、鉢をかぶった何者ともわからぬ女を普通の女性として取り扱ったというくだりが、泣かせる部分である。

未知数に置き換える

ここで数学の世界に戻って、未知数が x だけの（一元）方程式を解くものとしよう。それには、未知数 x を含む式の計算が出来さえすればよい。そうすれば与えられた方程式をとにかく変形して、左辺なら左辺を未知数 x だけにしてしまえば、一丁上がりだからである。

「xなどという得体の知れないもの」「未知なるもの」を含む式の計算とか変形などというと、なんだか哲学的で難しそうだが、算数の世界に限れば、そんなに特別なことではない。要するに、「1とか2とかいう普通のカズならともかく、素性の知れない文字同士を加えたり掛けたり出来るのかなあ……」などと気味悪がったりせずに、文字も普通のカズと同じように取り扱えばよいだけなのである。

たとえば、未知数xを二つ加えたい、すなわち「x＋x」を考えたいなら、「2x」と書けばよいし、未知数xより3だけ大きい数を考えたいなら、「x＋3」と普通に書けばよい。

これをたたき込むのが、中学数学あたりで出てくる「式の計算と方程式」の単元なのだが、家庭教師を頼まれたりして中学生などに教えていると、「覆面xなんて怖くはないよ。普通のカズと同じようにすればよいんだよ。そうすればね、最後には（鉢が割れて）xが求められるんだ」と、「万寿姫」のエッセンスを繰り返している自分に気がつくものである。

数学的にはともかく、安寿と厨子王の物語にくらべると、万寿姫の物語は、物語としてはたしかにわかりにくいし、ロマンやスリルにも乏しい。だから、安寿と厨子王ほどには、文学者の興味を惹かなかったのだろう。しかし、ここまではいいとしても、もう少し数学者の興味を惹いてもよかったのに、とも思う。というのも、和算の伝統や小学生の練習問題のなかに今も息づく「覆面算・虫食い算」は、「これぞ万寿姫！」と思わせるのに十分だからである。

たとえば、

第一章　生きている数学

```
     12              12
 ×   12          12)144
   ───             12
    24            ──
+)  12  }積み算     24
   ───             24
   144            ──
                   0
```

などという計算の途中を隠して鉢をかぶせてみると、たしかに覆面算・鉢かずき姫になっているのではないだろうか。

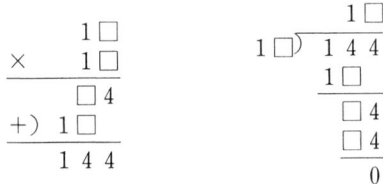

ただし、どの問題でも□は同じ数とする。

　ゼロはおろか、十進記数法、そして九九や積み算の原型など、世界に先駆けて効率的な計算の方法を編み出した当時のインドでは、このように計算の途中を隠して覆面させ、「私は誰でしょう」と聞くことは——今でこそ中学生が習う方程式だが——当時の大学院＝大寺院？の入学試験レベル、またはそれ以上に高級な問題ではなかったろうか。だからこそ、それを解くには「(数学)観音力」が必要だったのだろうとも思う。恐れ多い話ではあるが、私は、「すべてに通じる観音力の一部は数学力でもあった」ように思っているのである。

　ひょっとして、当時の教科書・受験参考書だったお経や説話のなかにも、覆面の「万寿姫」や「安寿と厨子王」が潜り込んでいて、「覆面が一つだったら、普通のカズのよ

うに思え」とか、「覆面が二つなら、一方に入水してもらえ」「そうすれば、あとは観音力」などと書いてあったのかもしれないなどと、少し不埒な想像をしていると楽しくなってしまう。

　もちろん、先に「自分探し」ともいったように、数学先進国であると同時に哲学先進国でもあったインドは、単なる方程式の解としての未知数を求めるだけではなく、さらに哲学的に「未知とは何なのか」ないし「そもそも、人間はまだ経験したことがないもの、未知を認知できるのか」という現代の哲学、そして脳科学の最先端問題に近いところにまで踏み込んでいた。だから、お経や観音力が単なる方程式にとどまるものではないことは、まず間違いない。しかし、数学、それも入試用の算数という部分だけに限ってみれば、不埒な想像もまた許されるのではないかと思うのである。

　こんな考えをもったのは、私が最初ではなかったらしい。というのも、インドにおける哲学と数学が入り交じった深遠にして難解な学問から、入試に出るような実用的な面だけを抽出して、ごく一部の天才のモノだった「自分探し」を、「方程式と式の計算」という形に書き換えてしまったのがアラビア文明だった、といえなくもないからである。

　アラビア文明の黄金時代、言い換えればアラビアンナイトの時代、隊商を組んで砂漠を旅し、あるいは帆船で荒海を横切って、世界を相手に交易を行なったアラビア商人は、太陽や夜空の星を見て自分の位置や方向を定めねばならなかった。

　このとき、測定した太陽や月・星の形から「自分の位置

を探す」必要に迫られたのである。そこで、インドがもっている「自分探し」の思想の一部が、方程式としてそれに利用できることに気づいたらしい。

しかし、それを行なえるのがごく一部の天才に限られているのでは、隊商は組めない。第一、そんな希有な天才を高給を出して雇っていたのでは、仮に組めたとしても儲からない。それに、位置や方向を決めるだけなら、自分探しの深遠な哲学のすべてが必要というわけでもない。ということで、アラビア文明は「自分探し」を「『自分の位置』を表わす方程式を解くこと」だけに制限し、これをさらに、練習しさえすれば鈍才にも出来る（はずの）「式の計算」にまでもっていったのではなかったろうか。これなら儲かる……と、ほくそ笑んだアラビア商人もあったかもしれない。

マニュアルとオートマチック

「味気ない」とお嘆きの方もあろうが、これこそが、コンピュータ全盛の現代を支えている「普遍化、大衆化」という文明の流れなのである。おまけに、わが国の貿易黒字も半分はこのおかげだといえなくもないのだから、一言つけ加えないわけにはいかない。

たとえば、最近のオートマチック車は、チョークがどうの、クラッチがどうの、などややこしいことは一切考えないで運転が出来る。これが昔の自動車（もちろんマニュアル）となると、チョークを引いて、アクセルをちょっと踏んで、エンジンを掛けて、シフトして、半クラッチにして……と、とにかく動かすだけでも大変だったものである。

実は、このややこしい操作のほとんどをマイクロコンピュータ（とオートマチック・トランスミッションなど周辺機器）に記憶させて自動化したばかりか、排気ガスまでうんときれいにして最先端の車を作り上げたのは、ほかならぬわが国だったのである。
　こうして、その昔いわば自動車おたく、一握りの天才のものだった自動車は、現代日本では誰にでも簡単に運転できる、いわば下駄代わりの生活必需品となった。そして高温になるばかりか妨害電波だらけのエンジン・ルームのなかでも、間違いなく動くマイクロコンピュータを組み込んだ、素晴らしい品質のわが国の自動車は売れに売れている。
　しかし……と私は考える。その次の産業、そして未来を生み出そうとするとき、みんながみんなオートマチック車に慣れきってしまって、自動車に「マイクロコンピュータ」が埋め込まれていることさえ知らないでもいいものかどうか、そしてここまでくるのにどんな苦労と困難を伴ったかを、知らないでもいいものかどうか。
　その労苦を知らないでは、何が未来に必要なのか、また、そこへ到達するにはどういう戦略を採ればよいか、が見えるはずはない。それでは未来は生み出せないと私は思う。このことを知って、未来への方向を見定めることこそが、混迷といわれる今の時代に、教育や研究そして真の意味の学問に求められるもっとも重要なことであるはずなのである。
　小学校では「覆面算や鶴亀算を解くときには未知数 x を使わない」と聞いているが、これは指導要領にそう書いてあるからというより、中学で「自分探し」を「大衆化」し、

誰にでも出来る方程式の機械的計算に置き換えてしまう前に、「少しでも天才の味、そしてパイオニアの苦労を知ってから、次の一手を見てほしい」という秘かな願いからきたものかもしれない、とも思っている。

だから、学習の能率だけを考えて「小学校で未知数xを教えることにして、ややこしい和算の練習問題なんかやめてしまえ」という論理に対して、私は賛成する気にはなれない。もちろん、だからといって、ややこしいおたく的な和算をガンガン教え込むのにも反対なのだが……。

鶴亀算

少し具体的に、和算の典型である鶴亀算を例にとってこのことを考えてみよう。

鶴亀算とは、「いま、鶴と亀が合計10匹いる。足の数の合計が30本だったとすると、鶴、亀それぞれ何匹いるか」という種類の問題である。

「鶴亀算に代表されるような難しい数学など、実生活とは関係ないよ」と断言なさる方でも、海外の空港ショップなどで、優雅なOL族の、「私って、だいぶよけいにドル換えちゃってたの、そいで300ドルも余しちゃったの。そいで、この20ドルのハンカチか、40ドルのスカーフをおみやげにしようと思うの。でも、私の職場って、みんなで10人もいるでしょ……」などという会話を、実際に、お聞きになることがあるのではないかと思う。数字こそ違え、これは見事な鶴亀算問題なのである。

これに続いて、「10人みんなにハンカチを買うと、100ドルも余るし、みんなにスカーフだと、100ドル足りないし

……」「だけど……」というやりとりがあって、「お局様が5人いらっしゃるのだから、ちょうどいいわ。……ハンカチ5枚と、スカーフ5枚ちょうだい」となるのが、（数学的にも）期待される「落としどころ」である。

空港ショップで、安寿と厨子王から発展した二元連立方程式の理論などが使われるはずはないので、多分このときの推論は、上の

「10人みんなにハンカチを買ったとすれば、200ドルだから、100ドルも余る」

から始まるのだろうと思う。

「そこで、1人だけにスカーフをおごるとすると、この人の分が40ドル、残る9人が20ドルのハンカチで小計180ドルだから、合計220ドル。それでも80ドル余る」

「もう1人におごると、余りは60ドル……」

と続いていくのだろうが、この辺から、推論は二通りに分かれる。

一つは、3人にスカーフなら……、4人にスカーフなら……、と残るお金がなくなる、ないしは、ちょうどよくなるまで順に数えてゆくという方法であり、これは現代コンピュータの得意技である。

もう一つは、ハンカチとスカーフを1人分入れ替えるごとに、余るお金は20ドル減るのだから、100ドル減らしたいなら、

100÷20＝5

だから、5人分入れ替えればよいとする方法である。

これを細かく見れば、もう少し違った見方も出来る。すなわち、1人分20ドルと考えるかわりに、1回入れ替える

第一章　生きている数学

ごとに20ドルと考えるのである。すると、入れ替え操作を1回行なうごとに20ドルなら、この操作を5回繰り返せばよい、と解釈することも可能だということになる。

いずれにせよ、この第二の考え方が、学校で習う鶴亀算の解き方、考え方にほかならない。

あとに少し詳しく述べるように、100割る20を「5人分」と考えるか「5回分」と考えるかは、大したことはないように見えるかもしれないが、その実、高級な数理であると私は思う。

千手観音のように、いくつものお顔をもつ観音像があることを見ても、インド仏教も、どうやら同じことを考えていたらしい。というのは、同じ数字の5といいながら、それは「5人分の5」でもあり、「5回分の5」でもある。このように数字は多重人格をもち、その多重性によってはじめて認識、「ものを観ること、理解すること」が可能になるのだ、などといらぬことを考えたくなるのが数学者というものなのである。

とにかく、（お局様の人数などには関係なく）これでめでたく5人にハンカチ、5人にスカーフを買えば、ピッタリという答えにたどり着く。

機械的計算法

ところが、中学でxやy、そして方程式の解法を学ぶときは、こうはいかない。

「ハンカチをx枚、スカーフをy枚購入するとせよ。このとき……」ですでに参ってしまう人も多いと聞いているが、何のことはない。「ハンカチを上げる人が（x）人で」「ス

カーフを上げる人が｛y｝人なら」と同じ意味なのである（ここで（x）｛y｝は覆面（　）、覆面｛　｝と読んでいただきたい。要は2種類の覆面を記号で表わすということである）。しかし、ここで「それじゃあ、スカーフを上げる人｛y｝は、10引くハンカチを上げる人（x）よね」などと先回りをしては、あまりよくないのである。

というのは、アラビアに始まる「味気ない」考え方では、「とにかく機械的に方程式を立てて、それを誰にでも出来る機械的計算によって解くこと」が重要だからである。

この思想は

「文章にある条件をx、yなどを使って読みとる」
　　　　　　　→式の世界へ翻訳する

「式を機械的に解く」→式の計算

これなら、誰にでも出来る、という二段構え構造になっているといっても言い過ぎではない。

これを図解すると次のようになる。

練習次第で誰にでも出来る世界・オートマチックの世界

現実の世界→「文章」の世界→「式」の世界
　　　　　　　　　　　　↓
　　　　　　　　　機械的な計算
　　　　　　　　　　　　↓
現実の答え　　　←　　　数学的な答え

この思想をたたき込むのが「式の計算と方程式」の単元なのだから、中学ではまず

「ハンカチを上げる人が（x）人、そしてスカーフを上げる人が｛y｝人だとする」

第一章　生きている数学

という大前提のもとに、すべてを式の世界に翻訳しなければならないのである。

　そこで、「私の職場って、みんなで10人もいるでしょ」という文章は、いったん未知数（x）｛y｝を中心とする文章

　　「職場には全部で10人、そのうちハンカチを上げる人が（x）人、スカーフを上げる人が｛y｝人」

というように読み替えなければならない。それから、さらに、

　　「だから、ハンカチを上げる人（x）とスカーフを上げる人｛y｝は合わせて10人」

という文章へ移行する。これを最終的には、

　　「（ハンカチx）＋｛スカーフy｝＝10」

または、

　　「x＋y＝10」

という式に翻訳しなければならないのである。

　一方、

　　「300ドルも余しちゃったから、この20ドルのハンカチか、40ドルのスカーフをおみやげにしようと思うの」

というくだりは、やはり、

　　「スカーフの代金の合計＝40×｛　｝とハンカチの代金の合計＝20×（　）は全部で300ドルだから」

という段階の文章を経て、

　　40×｛スカーフ｝＋20×（ハンカチ）＝300

または、

　　40y＋20x＝300

という式に翻訳しなければならないのである。

こうして二元連立方程式の世界に移行してしまうと、アラビアの方程式の思想は、「あとはこっちのもの、機械的に計算すれば誰にでも解ける」と教えてくれる。だから、このあとは、式の計算を間違いなしに実行すれば、安寿と厨子王ないし鶴と亀は、確実に捉えられるわけである。

　この場合なら、

　$x+y=10$　　……①
　$20x+40y=300$　……②

の連立を解くには、機械的に、①式を20倍して、②式から差し引く。そうすれば足手まといになった $x=$ 安寿が消える。

$$\begin{array}{r} 20x+40y=300 \\ -)\ 20x+20y=200 \\ \hline 20y=100 \end{array}$$

こうして厨子王 $=y$ だけの方程式になると、万寿姫の物語になって、簡単に解ける。すなわち、

　$y=5$

である。

　これが、厨子王が自分探しに成功する場面である。そこで、観音力によって、先に消去した安寿を生き返らせる。すなわち①式に $y=5$ を代入して、

　$x=5$

という答えが得られる。これで x と y が誰だったかが、機械的な計算で求められたことになるわけである。

　なんとなく、「マニュアルとオートマチックの差がここにある」と感じていただけるのではないだろうか。もちろん、インドに起源をもつ鶴亀算方式がマニュアルであり、

いったん文章を文字式で書き直してしまうと、あとは計算しさえすればよいとするアラビア起源の方程式が、キーさえ差し込んで、アクセルを踏めばよいとするオートマチックである。

インド流とアラビア流

マニュアルかオートマチックかの論争と同様、鶴亀算と方程式のどちらがよいかの論争には、それだけでは結末がつかないだろうと思っている。ただ、ときには子供に教えねばならない立場、そして親から真剣な相談を持ちかけられる立場に追い込まれるわれわれの側では、運転や「自分探し」そのものを楽しめる余裕があって、物事の多重性まで見物できるならマニュアルか鶴亀算、混雑した道路を飛ばして、とにかく時間までに目的地に着かねばならないときは、オートマチックやアラビア流に限る、ということを知っている必要があるのではないだろうか。

少し踏み込んでいうと、目的地を出来るだけ広く考えて、ドライブの途中、すなわち方程式を解くに当たっての発想やその多重性を楽しもうというのがインド流なら、アラビア流では、明確に定められた出発点と目的地があって、とにかく目的地に早くたどり着くことが重要なのである。

応用問題などを解くときに、「単位を忘れたけど、満点だった」とか「つけない方がいいよ」とする先生は、単位をつけることが考えの幅を狭めてしまうかもしれないという考えの（数学専攻に多い）インド流で、「単位を忘れてはいけない、忘れたら零点」となるのは、「多重性は邪魔だ」と考える（物理・工学系の）アラビア流の先生なのか

もしれない。

　先ほどの例に戻ると、安寿と厨子王が、自分を探しての冒険旅行それ自身や、いかようにも解釈できる観音力を楽しむのがインド流なら、人数が合わせて10「人」、使えるお金が300「ドル」という「単位」がついた「条件 ＝ 出発点」から出発して、それを未知数x、yによって「機械的計算 ＝ ハイウエー」に乗せ、ハンカチを上げる「人」＝x、スカーフを上げる「人」＝yが、ともに5「人」という、キッチリ決められたなかでの「結果 ＝ 目的地」に到達することを重視するのが、どちらかというとドライなアラビア流ということになる。

　インドの深い「自分探し」の思想を庶民向け、機械的にして、ちょっとドライなアラビア流の「方程式」の考え方が出来たのと同じようにして、アラビア流の数学からは、「線形代数学」という近代数学の一つの流れが作られている。

　たとえば、木材、コンクリート、ガラス、鉄、アルミニウムといった種々の材料を組み合わせて、建物など構造物を作り上げる建築・機械工学とか、すべての原材料とすべての製品の出入りから、ある国の経済状態全体を把握しようとする近代経済学などでは、木材の量、コンクリートの量、鉄の量などなど、非常に多くの変数を相手にすることになる。

　ちょうど安寿と厨子王が団体でやってきたようなものである。こうなると「自分探しの旅」を楽しんでいる暇などなくなるどころか、少々ドライなアラビア流でも追いつかない。そこで、近代数学は「行列と行列式」などという、

第一章　生きている数学

いわば団体さん向きの「自分探し」の方法を考え出して、さらに自動化を図る、ということになったのである。

　おまけに、団体さんのなかには、たまには「一人前に見えて、その実、誰かに負ぶさったお子ちゃま方程式、不必要な式」や、「どうしようもない団体、解のない方程式系」も混じっている。だから、これをあらかじめ見分ける方法が重要になる一方で、決まり切った団体さんは、決まり切った方法で取り扱えばいい……というわけで、中学・高校で習う「方程式」は、大学用の「線形代数学」に成長したのである。

　万古不易のはずの数学も、こうして日々新しい局面によって鍛えられ、脱皮し、成長してゆくのである。

第二章　現実を記述する
　　　　　技術としての数学

インド発アラビア数字

　文字は、現実を言語によって写し取り記録するものである。文字をもたない高度な文明などまず存在しないという。文明の支配者は、言語によって民衆を支配し、文字によって支配を記録した。「はじめに言葉ありき」と語るファウスト博士ではないが、言語はそれだけの力をもっていた、だから言語とその第一の僕(しもべ)である文字は、人類文明史上最大の発明の一つなのであーる……と、どこかで習ったように思う。

　文字が文明を記録したものなら、数字も文字ないしそれ以上に重要な、事実を記録するものではなかったろうか？実際、数字はもっていたのに、文字をもたなかったらしい原始文明が存在することを見ても、また、はじめての外国ショッピングで、とにかく数字の読み方と聞き方を覚えてくればよかったと、やたら難しい文法や文章ばかりを良しとしてきた学生時代を後悔したことからも、これがわかるような気がする。

　原始の時代に、その地域の住民の数を把握し、食糧の生産高、あるいは漁獲高を記録して、それによって生産の制

御と分配をすることは、文字が必要になる前から行なわれた重要な文明とも考えられるのである。

　文明の発達につれて、農漁業生産技術も発展し、余剰生産物が生まれ、その交易が行なわれるようになる。そして商業が発達する。こうなると、「いくつ売れた」「いくらで売れた」「いくら儲かった」という具体的な事実に始まって、「あいつにいくら貸し」「こいつにいくら借りた」「貸し借りには利子をつけよう」など、新しい抽象的現実が次々に生まれ、それを写し取り、記録することの重要性も増していったはずである。

　したがって、早くから商業を発達させたインドやアラビアあたりで、現在の数字とそれに基づく高度な数学や抽象思想がはぐくまれてきたとしてもまったく不思議ではない。それが、仏典・お経ばかりでなく、先に述べた安寿と厨子王の物語や、万寿姫の物語に象徴的に表われているのであろう。

　インドに端を発するアラビア数字やその計算の技、そして十進記数法に含まれる思想をつぶさに見るとき、人類史上最大の発明といわれる文字に勝るとも劣らないくらいのすごみが感じられるのだが、小学算数で非常に高度なことを単に記憶させてしまうわが国では、みんながみんなそれに慣れすぎてしまうせいもあって、なかなか、その高度さに気づいていただけない。

　どんな数字でも、0から9までの、たった10個の記号の組み合わせで書いてしまうインド発アラビア数字は、普通の数を普通に記録するローマ数字や漢数字とは異なって、どんな大きな数でも、またどんな小さい数でも記録できる。

第二章　現実を記述する技術としての数学

少し大げさにいえば、近代科学はこれがあってはじめて可能だったのである。

たとえば漢数字ではこうはいかない。大きい数を書き表わすには、あらかじめ、百、千、万、億、兆……というような大きい「単位」を準備しておくことが必要になる。漢数字のいちばん大きい単位は「無量大数」だそうだから、意地悪くいうと、漢数字にはそれ以上の数がないということにもなる。これでは、途方もない数を考えなければならない近代科学は取り扱えなくなってしまう。

これだけでも感心するのに、この裏には、もっと深い理由も隠されていたのである。

恥ずかしながら、私は「無量大数」がどれくらい大きいのかはむろんのこと、億、兆、京……の上の単位である「がい（垓）・し（秭）・じょう（壌）」あたりになると、正しい漢字が書けるかどうかすら怪しい。

これに対して、アラビア数字でなら、イチ・1の横にゼロ・0を「どんどん」つけるだけで、（読めるかどうかはともかくとして）大きい数が「どんどん」作り出せる。ゼロはそれ自身では何も表わさない「空」でありながら、とんでもない意味「色」をもつ。ゼロのもつこの秘密が、般若心経で有名な「色即是空」のもととなったのではないかなどと、小胆な数学者は空想をほしいままにするのである。

ゼロさえ使えば、どんなに大きい数でも書き表わせる、考えられる……ということになると、落語の八つぁん、熊さんでなくても「（ゼロをつけて）どんどん・どんどん大きくなったら、じゃ、その先はどうなるだろう？」「逆に

（小数以下の数にゼロをつけて）どんどん・どんどん小さくなったら、どうなるだろう？ それはゼロと同じになるのだろうか？」という疑問が湧(わ)いてくる。もっとも、これら落語自身、お寺さんで行なわれた説法に起源をもつそうだから、この辺のルーツはみんな同じなのかもしれない。

かぐや姫と無限大

インドは「ゼロ・空」から出発して、こうした無限大や無限小の領域に到達したらしい。この辺の事情を、数学や経済のみならず哲学と文学の国でもあったインドが、美しい物語に仕立てあげたのが「かぐや姫」の物語だった、とも考えられるのである。

この物語も「安寿と厨子王」同様、わが国では見事な文学作品として再編集され、「今は昔、竹取の翁というものありけり……」で始まる『竹取物語』になっている。

その内容は、美しいにはちがいないが、わがままきわまる「かぐや姫」という娘っこの話で、言い寄るあまたの公家たちに、やれ「火ネズミの皮衣(かわごろも)を取ってこなければ結婚しない」とか「蓬萊(ほうらい)の玉の枝をもってこなきゃ、いや」などと、駄々をこねまくったあげく、最後には帝(みかど)のプロポーズすら袖にして、月の世界へ帰ってしまうというストーリーである。

だが、この当時絶対の権力を誇った帝の求愛を、はたして振り切れたのだろうかと余計なことを考え出すと、不自然な部分が目について、なんだか割り切れない。第一、彼女が竹の節から生まれたという書き出しからして、それがこの物語のなかでどんな役割を果たしているのか、まった

第二章　現実を記述する技術としての数学

くはっきりしないのである。

　しかし、数学を勉強したおかげで、「かぐや姫」の秘密をのぞけたような気がするのだから有り難い。これこそが数学のご利益であーる、とふんぞりかえるつもりはないが、とにかく数学者の一部は、近代科学の舞台裏に潜んで、それを支えている「かぐや姫」をまざまざと見ることが出来る。私は「かぐや姫」こそが「無限大」の象徴であり、その裏側に微分積分学、ひいては近代科学を支えた「無限小」を隠していたのではないかと思っている。

　実に「かぐや姫」からほぼ千年の後、この「無限小」の上にニュートン、そしてコーシーが微分積分学を築き上げ、人類が二千年、あるいはそれ以上にわたって追い求めた「力とは、運動とは」という問題に解答を与え、近代科学の礎を築き上げたのだった。これら人類文明史のハイライトについてはまた後ほど第七章で触れることになっているのでお楽しみに……。

　さて、かぐや姫に戻って、仮に火ネズミの皮衣が、1000万円だったとする。すると、彼女が

　「火ネズミの皮衣を取ってこなければ結婚しない」
と駄々をこねるのは、

　「私の値打ちは1000万円より上ですよ」
と主張していることになる。式で書けば

　かぐや姫 $> 10,000,000$

である。

　ついでに、蓬莱の玉の枝が１億円だったとすると、「玉の枝をもってこなきゃ、いや」は、式で書くと

　かぐや姫 $> 100,000,000$

ということになる。次々にこれを繰り返していって、最後には、地上最大の数、あるいは無量大数を意味する帝が登場して

　かぐや姫 ＞ 地上最大の数

ということになるのだから、さすがの彼女も、ついには地上にはいづらくなって……、というより普通の数のなかには存在できなくなって、月の世界へ帰るというストーリーになっていたのであろう。

　罰当たりといわれるかもしれないが、ひょっとしてお釈迦様(しゃか)は数学の講義もなさっていたのではないかと私は考える。しかし、その昔も不埒な学生がいて「無限なんてわかんなーい。何の役にも立たないよー」とばかりに居眠りをしていたのかもしれない。そこでお釈迦様は、目が覚めるように、美しい「かぐや姫」が登場するたとえ話で、学生に「無限というものの考え方」をわからせようとなさった……というのは、これまた無責任な数学者の想像である。

　ここまでくると、生まれたての小さいかぐや姫は、無限大の裏返しなのではなかったのか、だから、竹の節が象徴する「単位１」を、生まれたてのかぐや姫ならぬ、小さい小さい数

　0.00000001 や 0.000000001

などで割り算すると、どんどん大きくなって、無限大のかぐや姫に成長するのではないか……と思っていただけるかもしれない。たとえば

　$100{,}000{,}000 = 1/0.00000001$

　$1{,}000{,}000{,}000 = 1/0.000000001$

　　　……

だからである。これが、小さい小さいかぐや姫が竹の節から生まれねばならなかった、ということに隠された意味ではなかったのだろうか。

出来すぎているかもしれないが、これがホントだとすると、美しく成長した彼女を描く後半が無限大の話、彼女が竹の節から生まれる前半は、無限大の裏に隠された無限小の話になっていたのである。

この無限小がニュートン、そしてコーシーの微分積分の基礎となったことには先に少し触れたし、あとで改めて触れるつもりだが、ここで一言つけ加えるとすれば、コーシーが拓いた現代数学では、無限大を定めるには、今なお千年前の「かぐや姫」を記念して（？）、

「無限大とは、考えられるどんな数よりも大きいものである」

式で書けば

　無限大 ＞（すべての）普通の数

とすることになっている。

これ一つをとっても、インド発の数理思想の高度さが目に見えるような気がするのは私だけだろうか。

掛け算の秘密と九九

しかし、インド数理思想の見事さは、これにとどまるものではない。すなわち「色即是空」はもとより、後に近代科学の糸口となった「無限大・無限小」を導いたインドは、哲学的な深さを誇ることが出来るばかりでなく、先にも少し触れたように、掛け算の九九と積み算に見るような見事に実用的な高度さ、便利さを誇ることも出来るのである。

その昔、イタリアのある地方の人々には、インド発アラビア数字による計算技術の高度さは、まるで魔法と映ったという。そのためか、アラビア数字とそれに基づく数学の使用を法律で禁じた、という話が今に残っている。

　その当時の人々が恐れたことが何だったのかを実感していただくには、「（その当時のイタリア人になったつもりで）ローマ数字だけを使って、5×14とか19,800×12を計算せよ」という問題を、「ただし、わが国独特（ではないが）の九九など使ってはならない」という条件のもとで解いてみていただくのが早道である。

　第一、「×」という記号があって、V×XIVと書けたかどうか怪しいし、仮に書けたとしても、VやXをどう足していいのか、また掛ければいいのか、これまたよくわからない。さらに19,800となると、ローマ数字でどう書いていいのかすらよくわからないし、仮に書けたとしても、M、C、そしてLやXをどうしていいのか、これまたよくわからない。うっかりすると、漢数字のところでも述べたように、こんな大きい数字はローマ数字では書けないかもしれないのである。

　うろうろしているあいだに、こっそりアラビア数字に直して（おまけに、足し算や掛け算の九九まで使って）計算し始めている自分に気がつくのが関の山というものであろう。

　この苦労のあとで、これをやすやすとこなしてしまうアラビア商人に出会ったとしたら、「こいつ魔法を使ったな」とか、そこまでゆかなくても「誤魔化されたのではないか」と疑いたくもなろうというものである。

第二章　現実を記述する技術としての数学

　この魔法の種が、日本人には当たり前の、九九と積み算であることは、多分もうお察しいただいているとおりである。しかし、一歩進んで、九九を使えば、なぜ、アッという間に掛け算が出来てしまうのかという理由を意識されている方は、意外に少ないのではないだろうか。

　この答えは、実は少し前にちょっと触れてあった。これが探偵小説なら「読者への挑戦、さて、犯人は誰でしょう」と出来るのだが、これでも数学の本なのだから、そうはいかない。

　真犯人は、これぞインド数理思想の極意ともいうべき「すべての数が０から９までの10個の記号の組み合わせで書ける」という事実である。もっとやかましくいえば、「位取り」という共犯者もいるのだが……。

　そもそも、九九とは、すべての数字の基本となる10個の「記号」の掛け算のことである。小学校で九九を習うときは、数字としての意味とか掛け算とかいう意識はあまりなく、とにかく記号を二つ並べたら何になるかを覚えてしまうものである。実際「ににんがし」などと唱えている瞬間には、「に＝２」と「に＝２」を掛ければ、すなわち２を２回加えれば「し＝４」になるなどという意識はあまりない。

　わが国の教育課程は、この辺までは実にうまく出来ていて、たいてい、その直前か直後に、与えられた数をこれら基本になる10個の記号で書き表わす練習が潜り込ませてある。たとえば、「ひゃくにじゅうさん」を「123」と書き、逆に「321」を「さんびゃくにじゅういち」と読ませる練習がそれである。すなわち、同じ３でも、その位置によっ

て意味が変わり、3桁の位置なら300、1桁目なら、ただの3ということになる。

　これを位取りということはご承知のとおりだが、意外にも、これが言葉に関する考え方と共通しているのである。というのは、「インド・ヨーロッパ言語」ともいうとおり、英語だろうと独・仏語だろうと、インドからヨーロッパに至るまでの国の言語は、20数個のアルファベット記号の組み合わせで、どんな単語も書き表わしてしまう。そして、ate（「eat＝食べる」の過去形）と eat（食べる）のように、同じ記号を並べても、位置によって意味がまったく異なる単語になってしまうのは、数字の場合と同じである。これは、すべてを漢字で書かなければおさまらない中国語圏とよい対照をなしている。漢字で書けば、その位置には関係なく意味は基本的には同じなのである。たとえば「国外」だろうと「外国」だろうと、外は外、国は国という意味である。

　インドとの間をヒマラヤ山脈で隔てられた中国は、数万ともいわれる漢字一字一字を単位にしたのである。

　これに対しわが国は、中国的な漢字とインド・ヨーロッパ的な仮名を組み合わせて、見事な「漢字仮名交じり」文化を生み出した。本書では割愛するが、（最新型の、ただしわが国ではほとんど認知されていないポリ・マセマティックスと呼ばれる）数学は、これらの方法のどれが、どれくらい得なのかを考えることも出来る。多分それぞれの言語は、得をする方向を見定めて、その方向の最適化を行なったにちがいないのである。

　このように、関係などないようにみえる言語と数学、そ

して(最適化としての)哲学は、実は深いところでつながっているのだろうと、私は考えている。

さて、インド・ヨーロッパ的な0から9までの記号によるすべての数の表記、そして位取りの考え方がそろえばしめたもの、二つの数は九九だけで自由に掛け合わせることが出来ることになる。たとえば、123×321なら、さっき覚えた1と3、……、2と3、……、3と3、……、という記号を九九によって掛け合わせたものを書き、それからあとは位取りに従って加え合わせればよい。これで、掛け算が出来上がる。これこそが日本人お得意の九九と積み算の原理であるが、問題は、掛け算が九九をはじめとして、いわば「記号の遊戯」となってしまって、2掛ける2が、2を2回加えたものだという意識が必ずしも育ってこないことである。

最近よくいわれている「計算問題は得意でも、応用問題になると弱い」というわが国の小学生の特徴は、このような点に根ざしているのかもしれない。

九九について一言つけ加えると、その発祥の地であるインドで九九が見事に使われている現場を見かけたことがある。それは計算のプロともいうべき(道ばたの)両替商だったのだが、20までの掛け算の九九を使うそうで、その計算の速いこととさたら、その昔のイタリアの仕人ではないが、まるで魔法のように見えた。しかし一般には、九九はそんなに認知されていないということであった。

わが国で、九九とそれによる計算がこんなにポピュラーになったのは、日本人特有の勤勉さのほかに、どうやら日本語そのものの構造にも理由がありそうである。数字の読

みが短いうえに、読み替えが利く。さらに、同音異義語が多いために、意味をすりかえて記憶することまでもが可能なのである。これも日本語の最適化の哲学の一つなのかもしれない。

たとえば、2の段の九九を、私は（多少うろ覚えだが）祖母から次のように教わった。

にいんがし、にさんがろく、にしんが8匹取れました、にごがじゅう、にろくじゅうに、にしちじゅうし・の・ジュウシマツ、にはちじゅうろく・まんだ年（としゃ）若い、にくじゅうはち・は・番茶も出花

「にしん」のところが魚のニシンに掛けてあるうえ、今流行のラップのリズムが使ってあって、覚えやすく、歌いやすくなっている。英語で九九の歌を作ろうとしている人から聞いたのだが、英語ではこんなにうまくいかないそうである。

いろいろな言語と数字

つれづれなるままに、英・独・仏語などなどの数字の唱え方を眺めていると、結構おもしろい発見がある。

まず気がつくのは、英語では、12までと、12以上とでは少し様子が違うことである。これは根っこが同じといわれる英語と独語に共通しているばかりか、ヨーロッパ言語ではかなり一般的らしい。

英語でいうと、ワン＝1、ツー＝2、スリー＝3に始まって、イレブン＝11、ツェルブ＝12までは規則がないが、それ以上では、たとえば「ティーン」エージャーというとおり、サーティーン＝13、フォーティーン＝14、

第二章　現実を記述する技術としての数学

……、ナインティーン＝19までは、同じ規則——「先に1の位を読んでティーンをつける」——が通用する。20を超えると、さらに規則性が強くなって、ツェンティーワン＝21、ツェンティーツー＝22、……要するに何十いくつ、というように数える。この辺になると日本語と同じである。もっとも、英語と根っこが同じはずの独語では最後まで1の位と10の位を逆に唱え続けるので、結構まごつくことがある（たとえば、21のことをアイン・（ウント）・ツバンツィッヒ、1プラス20と唱える）。

　仏語となると、12での切り替えがそんなに明瞭でなくなるかわりに、20での切り替わりが強く意識されてくる。20（バン）を超えて、多少規則的になったと思ってからでも、80を、4掛ける20（キャトル・バン＝4つの20）、90を、4掛ける20プラス10（キャトル・バン・ディス＝4つの20足す10）などと呼ぶのだから、慣れるまでは大変である。おまけに17でも切り替わる。13、14、15、16までは、英語と同じように3、4、5、6など1の位を先に読んで、3と10（トレーズ、トロワ＝3とディス＝10）、4と10（キャトローズ、キャトル＝4とディス＝10）といっていたのに、17、18、19は、10を先にして、10プラス7、8、9となるからかなわない。たとえば、17はディセット、ディス＝10とセット＝7なのである。

　だが、数字が、ある場合には文字以上の重要さをもっていたと仮定すると、さもありなんとも思えてくるのである。多分、その重要さは言語を超越してしまって、少しでも便利な方法とみれば、多少の混乱などおかまいなしに、直ちに取り入れることになってしまったのだろう。

だから、これらの言語の元の元には、手足の指すべてを利用してかぞえる二十進法があって、そこへ、当時天文学などの先進国だったメソポタミアからの十二進法が、暦とともに持ち込まれたと考えられるのである。さらに、その上へ、インドやアラビアから先進的十進法が輸入されて……ということになったのではないのだろうか。

　これに反して、中国語は純粋に十進的だし、イタリア語は十六進、二十進の痕跡(こんせき)はあるものの、かなり十進的である。十二進の痕跡はギリシャ語にはあるのだが、イタリア語では、私には見つけられない。便利な十進法は、当時の先進文化国家だったギリシャ・ラテン世界、そして中国へはいち早く持ち込まれ、定着していたらしいのである。

　しかしながら、これらの国でも、メソポタミア起源の暦や時間とそれに伴う十二進法は無視できなかったようで、たとえば中国へは十二支として、ラテン世界へは占いで使われる十二宮などとしても持ち込まれたようである。それかあらずか、9月、10月、11月、12月など月のラテン名前には、かなりの無理が出来たのではないかと思っている。ラテン世界では、7がセプト、8がオクト、9がノヴァ、10がデカなのだから、セプテ・ンバーは7月、……、デセ・ンバーは10月であってもいいのに、英・独・仏・伊……語で習うと、それぞれ9月、……、12月と二つずつずれているのである。

　また十二支の中国では、ネズミ・鼠のところへ「子」、ウシ・牛のところへ「丑」など、わざわざ架空の動物を当てて、これらが中国以外の場所から輸入されたことを示しているようにもみえる。もちろん、中国語の数のかぞえ方

を、ほぼそのまま輸入した日本語でも、これらの事情はまったく同じである。

このように、神様がお決めになったようにみえていた数のかぞえ方ですら、四進、十進、十二進、十六進、二十進、六十進……と揺れ続けるのだから、人間が勝手に決めることが出来る機械の数のかぞえ方は滅茶苦茶ではないか、という疑問が出るのは当然である。

もっとも、これより先に「いったい機械が数をかぞえているのか」という疑問も出るかもしれないが、とんでもないこと、ほとんどの機械はキチンと数をかぞえ、そのリズムに従ってでなければ、あのように整然と動けはしないのである。たとえば、シリンダーを6個も8個ももった自動車のエンジンがまともに動くためには、シリンダーがキチンと順番どおりに発火してくれないとどうしようもない。ちょうど6頭立て、8頭立ての馬車で、馬たちが勝手に走り出したら、とんでもないことになるのと同じことである。そのために（現代ではコンピュータで作り出された）ある一定のリズムをかぞえることが、どうしても必要なのである。

人間に嫌われた？二進法

さて「大きな古時計」という歌にもあるように、時計は「チクタク・チクタク」、または「カッチン・カッチン」と時間をかぞえている。

これら「チクタク・チクタク」や「カッチン・カッチン」という基本リズムは、すべて二進法である。偶然そうなってしまったのかもしれないが、ある条件をつけるとき、

掛け算までを考えるつもりならば二進法(ホントは二進法と三進法のあいだ)がもっとも有利だということが数学的に証明できるのだから、世の中、結局は数学的な法則に支配されているということになるのかもしれない。

　もっとも、この辺で、二進法と二拍子などなどを(ワザと?)混同してきたことを白状して、お許しを乞わねばならない。正しくいえば、単に「チクタク・チクタク」と揺れ続けるのは二拍子であって、二進法ではない。だから、ほとんどの機械が基本的には二拍子で設計されている理由と、ほとんどすべてのコンピュータが二進法を使っている理由とは、厳密にいえば同じではないのである。

　二進法に限らず(完全な)何進法という言葉は、たとえば、十円玉が10個集まって百円玉、百円玉が10個集まって千円札……という具合に、一つ下の位が、10個なら10個集まって、次の位の1へ進み続けるときに限って使わなければならない。

　たとえば、12本の鉛筆をケースに入れて1ダース、1ダースのケースを12個まとめて箱に入れて1グロスというときなら、(部分的に)十二進法といってもよいし、英国の古い貨幣単位で20シリングが1ポンドというなら(部分的な)二十進法といってもいいだろうが、三拍子のダンスのステップを3回踏んで1単位というのは、あまり聞かない。これは3拍子としかいえないのである。

　ついでにいえば、わが国の古い貨幣単位には(部分的な)四進法もあった。4朱は1分、4分が1両だったのである。もちろん4両は4両だから、これも完全四進ではない。

第二章　現実を記述する技術としての数学

　このように、実生活で使われる十進法以外の数のかぞえ方は、たいてい不完全なものとなってしまっている。バビロニア由来の十二進法（ないし六十進法）でさえ、角度や時間を測るときの、60秒で1分、さらに60分で1度、または1時間まではいいとして、その先は、360度で一回り、24時間で1日という具合なのである。やはり、ゼロをもたなかった弱さなのだろうか。

　ただ、それなら角度も時間も全部十進法にしてしまえ！という乱暴な議論もなかったわけではない。フランス革命のときにそうだったらしいのである。しかし、結局は十二‐六十進法に戻ってしまったというのだから、しまらない話ではある。

第三章　二進法の国

なぜかホッとする十進法

　数の話をここまで引っ張ってきた理由は、実はほかでもない。数学的にはいちばん便利だと証明できるはずの二進法、ないし三進法が、どうやら人間様には少し嫌われたらしく、文化史にはあまり登場しない不思議さをいいたかったからである。

　不思議といえば不思議だが、こんなにいろいろな単位によるかぞえ方が行なわれた理由は、電卓、ソロバンはもちろん、積み算などという有効な計算方法すらなかった時代にも、掛け算、割り算などの計算を少しでも便利に行ないたいという要求があって、ある場合には単位をうまく取りかえれば、それが非常に楽になる……ということを、人間様が知っていたせいではないか、と考えられる。それが、2、3、4、6のどれでもで割り切れる12が幅を利かした理由だったのではないだろうか。

　単位がそろうと楽になるというのは、十進法のフツーの数の世界で、10で割る割り算や10を掛ける掛け算などに出くわすと、思わずホッとしてしまうあの心理である。だから、人間様はいろいろな方法によるかぞえ方をワザと混在

させて、10（そして2や5）で割りたいなら十進法、12（そして2、3、4、6）で割るときは十二進法……と使い分けた可能性が高い。だから、2や3だけで割るのはそんなに大したことではない、とばかりに二進法や三進法は捨ててしまったのかもしれない。

不思議な掛け算

だが、次のような不思議な掛け算が、コンピュータばかりでなくある部族に実在したらしいから、影の二進法は健在だった……ようである。これは手品としてもおもしろいので、子供を相手にやってごらんになると結構受けること請け合いである。

まず、子供に二つの数をいってもらう。この手品はどんな数に対しても成り立つのだが、計算がやっかいになるので2桁くらいが安全である。

たとえば、それが18と21だったとする。そこで、部族の魔術師に扮した手品師は、おもむろに「わが部族のしきたりに従って、2で割ること、2を掛けることだけで、この掛け算をやってみせまーす」「わが部族は、九九はもちろん、このほかには、足し算と魔法しか使いませーん」と宣言する。そして次のような計算を実行する。

18については、1になるまで、順次2で割ってゆく。その途中に、2で割り切れないものが出れば切り捨てる。このとき「わが部族には、コンマ何々はないから切り捨てまーす」とでもいえば、神秘さが増す。21については18を2で割った分だけ逆に2を掛けてゆく。これを次頁のように並べておく。そして魔法を掛ける。すなわち、表に太字で

第三章 二進法の国

示したように18の欄に並んでいる偶数とその横にある21の欄の太字の数をみんな消してしまうのである。

ここでセクハラ！　と柳眉（りゅうび）を逆立てられては困るが、偶数を女性の数と呼んで、「女性が前に座ると手品がうまくゆかないから消す」とかなんとかいう演出もある。

こうして偶数を消し、21の欄に残った数42と336とを縦に足せば、それが18×21の答えになっている。

```
 18         21
  9         42
  4         84
  2        168
  1        336
+)     （残った42と336とを足す）
      378＝18×21
```

この手品を現代につなげて、いっそう盛り上げるには、さてわが部族は……とおもむろに手品師が「かむりもの」を取ると、コンピュータが現われる、という仕掛けが必要になるかもしれない。ここまではやりすぎだろうが、現代のコンピュータがこの方法を使って掛け算を行なっていることは確かである。

なお、この手品を行なうに当たって、1、2、4、8、16、32、64……のように2を何回か掛け合わせた数を、一つの数字の前におかない方がよい。種がばれてしまうおそれがあるからである。もし子供がこのような数をいったとすると、「これは呪いがかかった数だ」とかなんとかいって、うしろへまわしてしまうのが熟練した手品師というものである。

たとえば、16を前にもってきてしまうと、16×21なら

16	21
8	**42**
4	**84**
2	**168**
1	336
+)	（残った336だけを足す）
	336＝16×21

となって、残るのは336。これは、最初の21に、2を4回掛けたものである。

一方、16も2を4回掛けたものであることは、16を順に2で割ってゆく過程がそれを示している。4回で1になるし、途中はみんな **偶数 = 女性**で余りがないからである。

こうなると、「21を16倍するには、21に2を4回掛ければいい。『女性が前に来ては……』とかなんとかいっているが、それだけを残す作業が、右の欄でやっていることだ」と見破られてしまうことが多い。

ここで先のマジック（18×21）に戻って、18を2と16を加えたものだと考えてみる。すると、18に21を掛けるには、21を16倍したものと、2倍したものを加えればよいことになる。これは、21に2を4回掛けたものと、21に2を1回掛けたものとの和になる。この目で見れば、先のマジックはまさにそうなっている。ちょうど2倍のところに42が残り、16倍のところに336が残っているからである。

18（= 1）	21
9（= 2）	42（＝21に2を1回掛ける）
4（= 4）	**84**

第三章　二進法の国

```
  2（＝ 8）      168
  1（＝16）      336（＝21に2を4回掛ける）
 ＋）
 ―――――――――――――――――――――
             378（＝21に2を1回掛けたもの
                 ＋21に2を4回掛けたもの）
```

ついでに、17×21とか、19×21などをやってみていただくと、種はほぼ完全に明らかになる。

17なら、17＝16＋1
と書くのがミソだし、

18なら18＝16＋2、19なら19＝16＋2＋1
……と考えるところがミソである。

いずれの場合も、子供がいった最初の数を、「1、それを2倍した2、それをさらに2倍した4、さらに2倍した8、……16、32、64……」の和で書くことがポイントになっていて、これを行なうのが魔法というわけである。

たとえば、17では第一段と第五段、18では第二段と第五段、19では第一段と第二段と第五段を残すことになる。先の18の場合をもう一度見ていただくと、括弧のなかの太字の数字（1、4、8）と普通の字体の数字（2、16）が18の場合のミソそのものになっていることが、すぐにおわかりいただけるのではないだろうか。

手品のミソ

実は勝手な数を1、2、4、8、16、32、64……のように2を何回か掛け合わせた数の和で表わすというところが、手品のミソだけではなく、ホンモノの二進法なのである。二進法の国は1、2、4、8、16、32、64……円札がある

とすると考えやすい。この国では、2円札2枚で4円札と取りかえてもらえるし、4円札2枚で8円札になる。

なんだ当たり前だと思われそうだが、さにあらず、この国では、1、2、4、8、16、32、64……円札を1枚ずつもっていれば、（もちろん1回だけだが）どんな支払いもおつりなしで可能なのである。というのは、何円札でも2枚まとまれば、その次のお札になるので、2枚以上もっている必要はないからである。普通に使われる十進法の場合のように、一円玉や十円玉、そして百円玉を9枚ずつポケットに入れておかないと、消費税をうまく支払えないなんてことは決して起こらない。

たとえば、先に述べた16、17、18、19の場合でいうと、18は16円札と2円札、19なら16円札と2円札と1円札、それぞれ1枚ずつで支払い可能なのである。表にすると

16円	17円	18円	19円
‖	‖	‖	‖
16円札	16円札＋1円札	16円札＋2円札	16円札＋2円札＋1円札

ということになる。同じことを、もう一歩進んで、必要を○、不要を×で書くと、

	16	17	18	19	
1円札	×	○	×	○	←一桁目
2円札	×	×	○	○	←二桁目
4円札	×	×	×	×	←三桁目
8円札	×	×	×	×	←四桁目
16円札	○	○	○	○	←五桁目

という表になる。右横に書いたのは、インド発の十進法の知恵にならうと、1円札の枚数、すなわち要・不要が一桁目、2円札の要・不要が二桁目……で表わされるという意味である。だから「要＝○」が「イチ」、「不要＝×」が「ゼロ」だと了解すれば、二進法の国では、

16＝10000、17＝10001、18＝10010、19＝10011、
20＝10100、21＝10101、……

と書き直せることになる。

この目で見ると、小学校でたたき込まれたインド発の十進法は、

「16円＝十円玉1個＋一円玉6個＝二桁目に1、一桁目に6＝16」

ということになっていたのである。

掛け算がメッチャ簡単

二進法の国では、数字が0か1のどちらかしかない。したがって足し算、掛け算が、メッチャ簡単になることにお気づきいただけるだろうか。小学校以来の十進法で、81個の数字を覚えなければならない足し算、掛け算の九九をたたき込まれたのは、各桁に数字が10個必要だったからである。これに反して数字が2個しかないのなら、81個の数を覚える九九ではなくて、「　と一」だけでよい。掛け算なら「インイチがイチ」だけを覚えればすむ。だから、この国での掛け算の原則の簡単なことといったらない。「イチを掛けるならそのまま」、そうでなければ「ゼロと掛けると何だってゼロになる」だけなのである。

実際に、21×16や21×18を、この国でやってみると、

```
          10101 = 21
×         10000 = 16
          00000   ゼロを掛けるからゼロ
                  →手品で消した段    16
          00000   ゼロを掛けるからゼロ
                  →手品で消した段     8
          00000   ゼロを掛けるからゼロ
                  →手品で消した段     4
          00000   ゼロを掛けるからゼロ
                  →手品で消した段     2
       +) 10101   イチを掛けるからそのまま  1
       101010000
```

100000000→256、1000000→64、10000→16

したがって

256+64+16=336

```
          10101 = 21
×         10010 = 18
          00000   ゼロを掛けるからゼロ
                  →手品で消した段    18
          10101   イチを掛けるからそのまま  9
          00000   ゼロを掛けるからゼロ
                  →手品で消した段     4
          00000   ゼロを掛けるからゼロ
                  →手品で消した段     2
       +) 10101   イチを掛けるからそのまま  1
       101111010
```

100000000→256、1000000→64、100000→32、

10000→16、1000→ 8 、10→ 2

したがって

256＋64＋32＋16＋ 8 ＋ 2 ＝378

　前の手品との対応が見えるように、右横の欄に、16または18を順々に 2 で割ってゆくプロセスを付け加えたのだが、これを見ていただくと、「偶数が女性で……」とかなんとかいって→を引いて消していたのは、二進法の国では、ゼロを掛けるからであり、奇数のところを残しておくのは、イチを掛けるだけだったから、ということが一目瞭然ではないだろうか。

技術的にも有利

　二進法の国は、九九がきわめて簡単なうえに、技術的にも有利である。というのは、この国では、数字としてはゼロかイチだけを書いていればよいからである。おまけに、これは、どうしてもゼロ・イチでなければならないというわけではない。都合によっては先に行なったようにマル・バツでもよいし、アル・ナシでもよい。さらには、長し・短し、磁石のＳ極・Ｎ極でもよい。

　こうなると、たとえば穴のアル・ナシや磁石のＳ極・Ｎ極なら機械に読ませることも出来るだろう。すると、数字や文字を機械にも読ませることが出来るはずだ。そうなればスッゴク便利に違いない……という考え方も出てこようというものである。

　これがコンピュータの走りなのだが、この考え方は意外に古く、円筒ないし円盤に打ち付けた釘のアル・ナシは、

まずオルゴールに使われた。釘のアル・ナシで、機械に数字ならぬ楽譜を読ませたのである。

その次が、布地に複雑な模様を織りだすことに成功したジャカード織機だったという。ジャカード織機は、厚紙に開けた穴のアル・ナシで布地の織り方を機械に教えたのである。このやり方が発展して、30年、40年前のコンピュータに使われたパンチカード入力方式になったのだといわれている。

昔と違って、パンチカードといっただけでは、「それって何？」と怪訝（けげん）な顔をされるのが落ちだろうが、これの発展型が、現在大学入試センター試験で行なわれているマークシート方式であるといえばいいだろう。パンチカードというのは、塗りつぶすかわりに穴を開けるのである。

「長し・短し」を利用したのは、オルゴールにおくれて現われたモールス信号である。これも現代では知らない人が多くなってしまったが、アルファベットまたはイロハ48文字をトン（短符号）・ツー（長符号）で送るものである。

アルファベットの「A」を送りたければ、トンツー、「B」ならツートトト、……、「O」ならツーツーツー、「S」ならトトト、……という具合に、送信側と受信側で取り決めておく。そこで、もしトトト・ツーツーツー・トトトと聞こえれば、「SOS」信号、救難信号だなとわかる仕掛けである。要するに、トンとツーだけでいいたいことがいえるわけである。これは、昔は電報に使われていたし、アマチュア無線では今でも使われている。

余計な話だが、これをカンニングに使おうとして見事失敗した学生がいた。いくらトンマな教授でも、机をそんな

に長くたたき続ける学生がいたら、変だなと感づいてしまうにちがいないからである。

しかし、これこそは二進法の泣き所でもある。先に見たように、十進法で16、18、21、336、378などを、二進法で書くと
　16＝10000、18＝10010、21＝10101、
　336＝101010000、378＝101111010
と、どうしても長くなってしまう。

これは、先に触れたインド・ヨーロッパ系言語が26前後の文字だけを横に並べて単語を書き表わそうとしたのに対して、中国語系が5000前後の漢字＝単語を使って文章を作るのに似ているともいえる。

ここでもう一度、二進法と二拍子を混同してよければ、二進数のモールス信号に対してインド・ヨーロッパ系言語は約二十六進法、中国語系は約五千進法ともいえるであろう。モールス信号やインド・ヨーロッパ系言語では、基本になる記号が簡単なだけ、それを組み合わせて得られる一つ一つの単語は長くならざるを得ないのである。そのかわり、中国語系では5000あまりの記号、漢字を覚えなければならない。すると、どうしても「どちらが得か」問題が発生する。人間様の言語も、こうした数学的な問題の解答として得られてきた……のかもしれないのである。

二進法が得なわけ

さて二進法に戻って理詰めで考えると、「計算用には」人間様には嫌われたらしい二進法の方が得だったという結論が得られるからおもしろい。

18×21を例に取ると、

```
          18
×         21
─────────────
          18   →「1×8」、「1×1」
       +) 36   →「2×8」、「2×1」
─────────────
         378
```

という積み算をするためには矢印で示したように「1×8」、「1×1」、「2×8」、「2×1」と、都合4回の九九の表を参照しなければならない。九九の表は、縦九つ、横九つ都合81の項目をもっている。だから、そのなかで目的のものを探すには、「81」に比例する面倒くささがある。もし、1秒間に1個の項目を探すとすれば、81秒くらいかかってしまうわけである（やかましくいえば、平均81／2＝40.5秒くらい）。したがって、これを4回行なって、18×21を求めるには、

81×4＝324秒（プラス足し算の時間）

くらいはかかるものと思わねばならない。

一方、二進法の場合は、21＝10101も18＝10010も5桁の数になるから、この掛け算を行なうためには、25回も二進法の九九の表を参照する必要がある。ところが、二進法の九九の表には、縦一つ、横一つ、都合一つの項目しかない。したがって面倒くささは、ただの「1」であり、その探索は、上と同じ条件なら1秒ですむ。そうすると、25回行なっても、

25×1＝25秒（プラス足し算の時間）

くらいしかかからない。

これで、二進法の威力を納得していただけるとは思うのだが、ホントは「これは、特別な数でやったインチキかもしれない。もっとほかの数ならどうなるかわからないぞ」という疑(うたが)い深い人々もいらっしゃるかもしれない。だからホントは「勝手な数X、Yに対してnを底とする対数をとると……」と始めねばならないのだが、本格的な議論については稿を改めさせていただきたい。

　三角関数同様、とかく嫌われる対数関数も、このように与えられた数の桁数を表わすばかりでなく、いろいろな数学マジックの種になったり……などと結構便利に使える。そのうち10を底とした対数とその応用については、第六章で少しだけ紹介するつもりである。

　とにかく、この例から、掛け算の面倒くささは「桁数の増え方」より、「九九の表の大きさ」の方が圧倒的に効いてくることだけを感じ取っていただければいいのではないかと思う。そうすれば、ややこしい議論は吹っ飛ばしても、二進法の有利さがわかっていただけるのではないだろうか。とにかく、これらの道具を使って精密に計算すると、二進法と三進法の間の差はちょっと微妙で、それと四進法、五進法以上とはまったく違っていることまでがわかる……というわけで、ホントは二進法と三進法の間にちょうどよいものがあることがわかってしまうのである。（量子コンピュータはこの方向であるが、別の機会にゆずろう。）

オン・オフが作る論理の世界

　ここまでくると、コンピュータが二進法を使いたくなる理由は明らかである。まず、電気のスイッチの「オン・オ

フ」、電子の「ある・なし」、磁石の「S・N」などの二拍子は、電気の得意技である。そのうえ、掛け算などには二進法が圧倒的に有利……となると、二進法を使わない方がどうかしているのではないだろうか。

おまけに、二進法の九九も、以下にちょっと説明するように、論理演算の九九に通じている。この世界のイエスをイチ、ノーをゼロ、そしてアンドが掛け算・×、(排他的)オアが足し算・＋だとしてみると、これがまた二拍子(二進法)の世界にピッタリ重なるのである。

さらに、電気のスイッチの直列接続と並列接続は、論理演算のアンド・オアそのままなのである。だから、数百、数千のスイッチを用意しておいて、それらを上手くつなぎ換えれば、思うがままの論理演算をやらせることが出来る。戦争中はそういう時代があったにせよ、これらの操作を人間様がやるのではかなわない。人間様に何が必要なのかを、二進法で書いて機械自身に読みとらせ、スイッチやその回路を電気的に制御して目的どおりの仕事をさせるのが、コンピュータの仕掛けである。

現在は、これらを電気的に制御する主な道具立てが、それ自身二拍子のトランジスタ(またはIC、LSI)なので、すべてが二拍子で丸く収まるのだが、もし、いま生物がやっているのを真似て、タンパク質などにこの仕事をやらせるつもりなら、(確率的)四拍子の方がよいということになるかもしれない。そうなったら(そうならなくても)本書のこの部分は不十分だから、書き直しである。

さて、論理演算などというと難しそうに聞こえるが、
①「あなたは男性ですか」

第三章　二進法の国

　②「あなたは40歳以上ですか」
という二つのアンケートに答えていただくと、よくわかる。「『男性』で『かつ』『40歳以上』」の人は、①にも②にもイエスと答えるし、「男性か40歳以上のどちらかだけ」があてはまる人は、①か②のどちらかだけにイエスと答えるに決まっている。

　イエスをイチ・1、ノーをゼロ・0と書いてみると、この世界では（でなくっても？）、イチ足すゼロはイチ、イチ掛けるイチはインイチがイチで、これもイチになる。「男性であるか40歳以上のどちらか（だけ）」の人は、①か②のどちらかだけにマル、すなわち、どちらかがゼロで残りがイチ、よって「足し算」すればイチ。一方、男性で「かつ」40歳以上の人は、①と②の両方ともイチだから、掛け算するとインイチがイチ、よって、「掛け算」するとイチ。

　これで、なんとなく、「両方に」というなら「掛け算」、「どちらか片方だけに」というなら「足し算」という感じになる。「両方に」ということを論理の言葉ではアンド、「どちらか片方だけ」ということを「（排他的）オア」と呼ぶ。ついでにいうと「（両方でもいいから、とにかく）どちらかに」がホンモノの「オア」である。

　これに否定のナットがあれば、論理の世界の演算のすべてが出来上がる。「……でない」は要するに「あまのじゃく」で、「『……』が『イチ』」ならゼロ、「『……』が『ゼロ』」ならイチを答えればよい。これは、二進法の世界では引き算で

　「……」の否定・ナット＝1－「……」

によって表わされる。実際、「……」をゼロとしていただくと、イチ引くゼロはイチ、「……」をイチとしていただくと、イチ引くイチはゼロ、見事に反転している。

ついでに、スイッチの世界を含めてこれらを表にすると

論理の世界	二進法ゼロイチの世界	スイッチの世界
アンド	掛け算	直列回路
（排他的）オア	足し算	
（ホンモノ）オア		並列回路
ナット	イチからの引き算	インバーター

が出来上がる。ということは、論理演算のすべてが、二進数の掛け算、足し算で行なえるということである。なお、ここでいうインバーターとは、スイッチを逆につなぐ「あまのじゃく回路」のことである。

これを見て、「こりゃ、うまい！」と叫んだのが、どこかの大学の数学科かというと、そうではなくて、国勢調査とその分析を受け持っていたアメリカの某お役所だったという。それもそのはず、国勢調査の分析にあたっては、数千万の対象者のなかから「男性で40歳以上の人は何パーセント」「女性で……は何パーセント」という数字をはじき出さねばならない。これを手でやったとしたら、どんなことになるかは容易に想像できる。IBMというコンピュータ界の巨人は、これを思いついたお役人たちによって創始されたものだというのである。

アナログとデジタル

二進法の手品のついでに、もう一つ、子供になら絶対受

第三章　二進法の国

ける手品をご披露しよう。二進法の手品がデジタルの世界だとすれば、これはその対極にあるアナログの世界の手品である。

　だから、今度の手品は、いささかの準備と練習が必要である。用意するものは、紙コップ、木綿針または爪楊枝、瞬間接着剤、Ａ４判くらいの厚紙（縦に長い方がよい）、（釣りに使う）錘、ローソク、セロテープなどである。まず、厚紙には１ミリくらいの厚さにまんべんなくろう（蠟）をたらす。一方、紙コップの底には、厚紙などを瞬間接着剤で張り付けて高さ２、３ミリの「こぶ」を作って、木綿針の糸を通す方の端を、その「こぶ」の頂上に瞬間接着剤で取り付ける。

　この手品のミソは、コップの底の振動を、糸底に接する点を支点とする「梃子の原理」によってうまく外部へ導き出し、厚紙のろうに溝を掘って振動を記録するという点にあるので、針の頭は「こぶ」にしっかり固定し、針が糸底に接する点は、セロテープなどでフラフラ止めにする。

　ビクターのトレードマークである「his master's voice（ご主人の声）」のワン公を思い出していただくといいのだが、彼が不思議そうに聞き入っているラッパのかわりにコップ、その下にあるレコードのかわりにろうを塗った厚紙というわけなのである。

　したがって、この手品がうまくいくかどうかは、コップの腹を２本の指で軽くもって、針を厚紙の上に置いたとき、それが厚紙のろうに軽く突き刺さってろうを引っかくかどうかにかかっている。うまくいかないようなら、もつ位置を変えるか、紙コップにセロテープで錘を貼り付けるなり

何なりして調節する。うまくいったら、コップを（なるべく）一定の速さで厚紙の上を滑らせてみる。滑らせる方向は理論的には、コップの縦の軸に直角な方向が最高である。厚紙のろうの上に1本の筋がキレイに引けているようなら、手品の第一歩はOKである。なお、子供が助手に使える場合なら、厚紙の方を子供に引っ張らせてもよい、その方が成功の確率は高くなる。

いよいよ手品である。さっきの練習のとおりに、コップまたは厚紙を動かしながら、コップの口に向かって大きい声で怒鳴る（テストのためなら、コップの底をコンコンと軽く叩く）。こうして厚紙の端から端まで線が引けたら、手品師は、一同に静かにするようにと命令し、一座がシーンと静まったところで、吹き込みのときと同じ速度で、厚紙の上に引かれた線にそって、コップを滑らせる。すると、紙コップの底からさっきの声（またはコンコン）が聞こえてきて、拍手喝采ということになる……はずである。

この手品は、成功すれば大喝采間違いなし！　であるかわりに、失敗の可能性も大きい。厚紙に塗ったろうに音が記録されたり、紙コップからそれが再生されたりするためには、紙コップの持ち方と引き方、それにつける錘、木綿針または爪楊枝の種類、ろうの種類や塗り方などなどが結構効いてくるからである。どうしてもうまくいかないときは、記録するときに、ろうを湯煎で少し暖め、再生するときはその反対に冷やしてごらんになるとよい……と思う。

実は、その昔、発明王エジソンも同じ苦労をしていた。さんざん苦労したあげくに発明したのがろう管蓄音機、今のLPレコードとプレーヤーの原型なのだから、この手品

第三章 二進法の国

の難しさがわかろうというものである。しかし、それがうまくいったときは、子供ばかりか、ワン公でさえ驚くと思う。実際、ビクター社のトレードマークになっているワン公は、レコードプレーヤーから聞こえてくる「ご主人の声」に不思議そうに聞き入っているのだそうである。

仮にこの手品がうまくいったとして、厚紙のろうに記録された線を、10倍くらいの虫眼鏡で拡大してみると、それが声のとおりのギザギザになっているのが見えるはずである。大きい声のところで大きいギザになり、小さい声では小さいギザになっている。声の大きさとギザギザの大きさとはだいたい比例しているのである。なお、万が一、手品がうまくゆかなかった場合には、昔のLPないしSPレコードを見ていただいてもよい、同じようにギザギザが入っているはずである。

このような記録のしかたをアナログ記録というが、この方法はエジソンのろう管レコードに始まって、戦前はSPレコード、そして戦後はLPレコード、テープレコーダ、最近はビデオカセットと一世を風靡してきた。

SPやLPレコードでは、音信号の大きさをレコードの溝の大きさに変えて記録していたのだが、テープレコーダやビデオカセットでは、信号の大きさを磁気の強さに変えて記録する。これ以上は本書のタイトルを逸脱してしまいそうなので割愛するが、実は、このあたりにも数学の旗や日章旗が翻っているのである。

しかし、このアナログ記録は一見簡単なわりに、結構やっかいな問題を含んでいた。多くのレコードファンが「原音どおりでない」とか「10回聞けば、音が変わってしま

う」「強い音のところで針飛びが起こって音がひずむ」などなど、並べ立てればきりがないほどの文句を言い立てたのである。

レコードをお聴きにならない方のために付け加えると、レコードを作るには、まず金属板に塗ったラッカーに音溝をきざみ、それをニッケルめっき処理してラッカーを除くと、凹凸が逆になったニッケル製の原盤が出来る。これは原理的には、さっきの手品と同じことである。その原盤を、ちょうど印刷をするのと同じようにビニール盤に押しつけて市販用のレコードを作る。このとき、ちょっとした具合で原盤どおりにいかないことが起こるかもしれない。もともと虫眼鏡でやっと見えるか見えないかの溝なのだから、ちょっとしたことで微妙なズレが起こらないでもないのである。さらに、この溝を木綿針ならぬ、ダイヤモンドの針でひっかいて音を出すのだから、10回もひっかいてしまえば、多少の傷もつこうというものである。さらに、大きい音を記録するために大きいギザを刻めば、隣のギザとぶつかってしまうだろうし、そうすれば針は溝から飛び出してしまって、音溝のとおりに走らないかもしれない。

外国のレコードファンは、こんなにうるさくはなかったとも聞くが、とにかく、これらの苦情をなんとかする研究が、わが国で真剣に行なわれた。その結果が、現在記録媒体の王座を占めているCD、コンパクトディスクとなって結実したのである。

釣った魚の大きさは

レコードファンの文句を本書流に数学的に砕いていうと、

第三章　二進法の国

釣ったお魚の大きさをどうやって他人に伝えるか、という問題になる。「音の大きさはこれくらい」と「溝に刻んでいる」レコードは、「釣ったお魚はこれくらい」と「腕を広げてみせる」のと同じといいたいわけである。最初は、厳密に「お魚の大きさ」に合わせているだろうが、次の人に伝えるときは、何かの都合で少しこれが狂ってくるかもしれないし、そのうち、腕が疲れてきて、だれてきたということが起こらないとも限らない。実際、ビニール盤のレコードは、温度によって少し伸び縮みするうえ、時間がたてば化学変化を起こすかもしれなかったのである。

そこで、当然、「『あのお魚は45センチ』という具合に、数字にして伝えればいいのだ」という考え方が出てくる。この数字を二進法にしておけば、機械にも読める、だから「機械によって正確に読めて、正確に伝わる記録法が作れる!」ということになる。これがいま流行のデジタル伝送にほかならない。

しかし、まだ問題は残っていた。音は1匹のお魚ではなく、時々刻々変化する大きさなのである。お魚でいえば、それが見る間に成長してゆくような感じである。これをどうやって測り、記録するかに技術者は頭を痛めた。さらに、どの程度正確に測るかも問題だった。

コロムビア・デノンは、実験を繰り返して、1秒間に4万回くらい音の大きさを測定すれば、人間の耳に聞こえる範囲の音なら、だいたいOKであるという結果を得た。そして、それに基づいたプロトタイプを作ってみせたのである。これに関係者はショックを受けたという。当時、1秒間に4万回の高精度測定というのは、想像を絶する回数だ

ったうえに、1秒間に4万回も得られる高精度データを記録するには、普通のテープレコーダでは間に合わず、これまた当時非常に高価だったビデオカセットを使わなければならなかった。というわけで、当時のデジタル技術は結局、一般庶民には高嶺の花、カンケーなかったのである。

これを一般庶民の値段にまでもってきたのが、ソニー・フィリップス連合軍のコンパクトディスク（であり、読み取り・制御用の低価格レンズ、光源やICの開発）だった。多分、今でもテープがコンパクトディスクにくらべて割高なのにお気づきだろうが、これはテープは印刷が効かないのが大きい理由である。コンパクトディスクは写真印刷が出来るから一度に大量に作れる一方で、テープは一本一本複製しなければならないのである。

こうして出来上がったコンパクトディスクは、1秒あたり約4万個の二進法のデータを記録しているわけである。もし超高性能の顕微鏡をお持ちなら、コンパクトディスクを1000倍くらいの倍率でごらんになると、写真で印刷した長し・短しの点々が、ちょうどレコードの場合と同じように、円周に沿ってビッシリと並んでいるのが見えるはずである。

さて、先にも述べたように、二進法は機械に読める数字であり、言葉であった。ということになると、コンパクトディスクは機械の言葉を、それも1秒間に4万語×4くらい、（この辺の音楽データとコンピュータ・データとの換算方法については稿を改めたい）も記録できることになる。コンパクトディスク1枚あたり、音楽信号を、だいたい1時間（3600秒）記録できるとすると

第三章　二進法の国

$$3600 \times 40{,}000 \times 4$$
$$= 576{,}000{,}000 = 約5.7億（データ）$$

くらいのコンピュータ・データを記録できることになる。現在では、これからちょっと無理をして、1枚で7億語くらい記録するコンパクトディスクが標準となっている。これは実に『広辞苑』の1冊や2冊くらい余裕で記録してしまう大きさなのである。

　機械の言葉として代表的なのは、コンピュータプログラムである。また最近流行のデジタルカメラは、画像を二進法データとして取り込んでいる。したがってコンピュータプログラムも写真画像も、コンパクトディスクに書き込める。こうしてレコードやフィルムにかわって、ディスクが幅を利かすようになったのである。

　これには後日談もある。アナログ記録と異なって正確にすべてを記録し、伝送できるデジタル記録は、コピーの問題を引き起こした。まったく同じものが誰かによって不正にコピーされて安価に出回るとしたら、それを苦労して開発した人はかなわない。そこで今度は「『暗号』という数学の登場」（第五章末尾参照）ということになるのだが、コンピュータの項などと一緒に稿を改めることにしよう。

第四章　サイン・コサインは三度習う

絶えてサインのなかりせば……

　三角法「サイン・コサイン・タンジェント」は、ご丁寧にも、中学校、高等学校、そして大学の三回にわたって習う。おまけに、この三角法にはむやみに公式があって、
「世の中に、絶えてサインのなかりせば、試験準備はの
　どけからまし」
などと昔のザレ歌にも詠まれて、多くの学生を泣かせてきた。

　ただ、私が学生だったころは、あちこちに焼け跡が残っているような時代だったから、指導要領など多少いい加減だったうえに、指導方法も乱れていたそうである。だから、私が中学、ないし高校で習ったはずといってもあまり信用しないでいただきたい。少なくとも今の中学・高校のキチンとした指導要領と、私の習った時代のそれとは、趣を異にしているように感じられるのである。

　どこで習うにせよ、サイン・コサインの話は、ホントは幾何学で習う三角形の合同ないし相似（そうじ）の話から始まらねばならない。いくつかの「合同定理」のなかに「一辺と二角が同じなら合同である」という定理があるし、「相似定理」

のなかには「二角が同じなら相似」という定理が含まれているからである。

一見サイン・コサインとは関係がないように見えるうえに、なんの変哲もない（やさしい？）これらの定理から、サイン・コサインが生まれて、少し大げさにいえば、現代のカメラ、ラジオ、テレビをはじめとして、ミニディスク……などの根本原理となったのだから、数学はおそろしい！

手に取れないものを取る

合同の定理は、「ある標準の長さがあるとき、（その両端の）二つの角を測ると、三角形は決まってしまう……。したがって、すべての辺の長さがわかる」ということを意味しているし、相似の方は、「とにかく二つの角が同じなら相似、あとはどこかの辺の比だけで三角形が決まる」と、同じようなことをいっている。これらの定理は、ギリシャ人が証明をつけて見事な形にまとめ上げ、今でも土地測量などでは実際に使われている。わが国でも伊能忠敬が日本地図を作ったときには、実質的にこれらの定理を使っていたという。

しかし、これを（証明は飛ばしたらしいのだが）最初に実用したのは、証明付きの幾何学を完成させたギリシャにおいてではなく、それより先の古代エジプトだった。そのころエジプトでは、ピラミッドの高さを測らなければならなかったし、ナイル川が氾濫するたびに土地の測量をし直して、配分をやり直さなければならなかった。このとき、人間はピラミッドの頂上とか、向こう岸にある土地など、

第四章　サイン・コサインは三度習う

「手に取れない」ものを「手に取る」必要に迫られたのである。

　もちろん、ホントに手に取ることは出来ないから、当時の数学者たちは「あたかも手に取ったようにして測る」にはどうすればよいかを考えなければならなかった。

　そこで、とにかく「実用になる」という観点から（証明なんぞおかまいなしに）、発見ないし利用されたのが、先ほどの三角形の合同定理や相似定理だったのであろう。

　まず、向こう岸のある地点Xを手に取る場合を考える。こちら岸に標準の長さを取ることは簡単である。決められた長さの縄をピンと引っ張って、直線ABを引けばよいからである。次にその直線の両端の地点AおよびBに立って、向こう岸の地点Xを見通して、それが直線ABに対してどれくらいの角度であるかを測る。

　これが出来ればしめたもの、あとはこちら岸の広い場所に、標準の長さの直線A′B′を書き、その両端から、さっき測った角度に合わせて直線を引けば、その交わった地点が、地点Xをこちら岸に引き寄せ「手に取った」点X′である。

　そこで、たとえばこちら岸の地点Aとあちら岸の地点Xとの間の距離が知りたければ、こちら岸の地点A′X′間の距離を測ればよいなんてことは火を見るより明らかなのに、数学の本となると必ず、

　証明：三角形ABXと三角形A′B′X′において、
　条件より、$AB = A'B'$、また$\angle XAB = \angle X'A'B'$、
　$\angle XBA = \angle X'B'A'$であるから、
　上の合同定理により、$\triangle ABX = \triangle A'B'X'$。よって、

AX＝A′X′　　　証了

などという一文がついている。これを見て、なんだって数学者は、こんな証明などというやっかいなものをわざわざ持ち出すのだ、とお考えの向きもあるかもしれない。

ユークリッド先生の公理と証明

　だが、これは「『ユークリッドの公理』というものを認める限り、こうやってA′X′を測れば、いついかなる場合でも、天国の神様の前だろうと地獄の悪魔の前だろうと、現在だろうと百万年前だろうと、『正しい結果』が得られるのだ」ということを保証し裏書きするものなのである……というのは半分建前で、要するに、こうやって測って、もし間違った結果が出たとすれば、それは「間違えたのは（自分ではなくて）ユークリッド先生だ」という責任転嫁、または「観測誤差か計算間違いのせいだ」だから「計算し直すか、測り直してこい！　顔を洗って出直せ」という有り難いご託宣？の根拠となるものなのである。

　余談になるかもしれないが、パピルスに残るエジプト・メソポタミアあたりの幾何学の「定理」には、結構インチキなものも混じっているという。これらの「定理」は、最初は一種の言い伝え、経験則として導かれたものにちがいないのである。このような「定理」については、占いと同じで、どこまでが正しくて、どこからがインチキかはわからない。

　だから、うっかり間違った「定理」を使ってしまうと、いくら精密な計測を行ない、正確に計算したとしても、誤差のない、正確な結果が得られるという保証はない。当た

第四章　サイン・コサインは三度習う

りはずれがあったのである。実際「台形の面積の公式」などは、ある項が抜けていて、特別な場合にしか正しい答えが出てこないような代物だったという。

こんな曖昧さを我慢できなかった精密哲学国家ギリシャが、「(人間ならば)これだけは認めよ！」とするユークリッドの公理のもとに、「証明付き・保証付き」の幾何学、ユークリッドの幾何学を作り上げようとしたのは、いかにも肯けることである。このあたりのドラマについては、第五章をお楽しみに……。

もちろん、現代では「以下の定理は、エジプトの言い伝えに起源をもつものであーる」などといわれても、心配しないでいただきたい。中学で習うユークリッドの幾何学は、まずエジプト・メソポタミアの幾何学のうちから、証明が出来る正しい定理だけを選んで作られたものであるし、当然、その後ギリシャが作ったユークリッド幾何学の教科書に載っている問題や定理には（現在では）必ず証明がつけられている。

だから、もしホントに変なことになったとしたら、それは、幾何学の証明そのものの出発点を規定したユークリッド先生の公理に原因があり、ユークリッド先生が悪いということになる。「まさか、そんなことはなかろう」と思われるかもしれないが、実は、あとに述べる非ユークリッドの幾何学はこうして生まれたのである。

現代のように、言ってみれば恵まれすぎた環境に育ってしまった中・高生が、幾何学には、はじめから証明があるものだ、すべてが正しくて、単なる暗記ものだと思ってしまうのも無理はないが、ある時期までのユークリッド幾何

学の研究者は、どの言い伝えが正しいか、どの問題の証明に一生をかけるべきか、さらにはユークリッド先生は間違っていなかったのかどうかなどと、結構スリルに満ちた生活を送ったのである。

　古代エジプトのピラミッド

　さて、エジプトに戻って、ピラミッドの高さを考えてみる。この場合は、中学あたりの教科書に書いてあるように、「太陽による影」という便利なものがあるので、標準の長さの棒を地面にまっすぐに立てて、その影の長さを測り、まったく同じ時刻にピラミッドの影の長さを測ればよい。（同じ時刻の）太陽光線は平行なので、太陽の光線によって、ピラミッドの高さ（を表わすピラミッド中心の直線）と標準の棒とは、相似な三角形を作るからである。もちろん、この場合、標準の棒と太陽が作る三角形が「手に取れる」三角形である。

　ただ、中学の教科書には書いてないかもしれないが、ピラミッドのなかに隠れている中心を「手に取る」のは、ホンの少しやっかいである。そのためには、異なった時間にそれぞれの影を測って、ピラミッドと相似な立体模型、モデルを考えなければならない。

　これらの方向で高さが正しく求められたことを確かめるには、相似の定理の方が使いやすいはずである。

　合同の定理を使うにせよ、相似のそれにするにせよ、このような幾何学の働きのなかに、単に証明するというにとどまらず、手に取れないあちら側のものを、手に取れるこちら側に取り込んで、モデル、模型を作るという重要な働

第四章　サイン・コサインは三度習う

きがあるということを見て取っていただけるのではないだろうか。だから、それは、数学の世界にだけ存在するというより、むしろ数学と現実とをつなぐ役目をすると考えた方がよいかもしれない。これもしかし、経典に何度も現われる「あちら側・彼岸」と「こちら側・此岸(しがん)」が示唆するように、その昔の哲学大国インドが考えていたことだと感じている数学者もいるようである。

　たとえば、バルナックライカ、M型ライカ、コンタックスⅠ・Ⅱ・Ⅲ型、さらには、つい先だって復刻されたニコンSPなどほとんどの距離計式カメラは、対象までの距離を測るために、古代エジプトゆずりの、ファインダーのなかに仕込んだ線分の端から対象を見込む角を測るという方法をとっている。言い換えれば、これらのカメラはその小さい軍艦部のなかに、外の景色を「取り込もう」、対象のモデルを作ろうとしていたのである。

　これは小さい方だが、大きい方となると、戦艦大和に積まれた世界最大の距離計も、そこへ爆弾を落としにくる飛行機を狙った高射砲の制御盤も、すべてが目標までの見込み角を測って、そのなかに対象を取り込んでいた。

　ただ、対象を取り込むといっても、古代エジプトにおけるように、広い画用紙の上に基準の長さの何分の一かの直線を引いて、そこからある角度を取ってモデルになる三角形を画いて、画用紙の上で長さを測って、それから比例計算をして目標までの距離を出す……などという悠長なことをしていたのでは間に合わない。そこに角度から距離が直接読みとれるようにする秘密兵器としてのサイン・コサインが、どうしても必要になったのである。

69

サイン・コサインの必要性

もっとも、これでも満足できない現代では、角度からサイン・コサインで求めた距離に合わせて、レンズの焦点や大砲の角度そのものが自動的に変わるようにした距離計自動連動方式、オートフォーカス方式が流行している。やはり、スピード重視、手軽さ重視の時代なのである。

この近代化の秘密兵器としてのサイン・コサインに要求されたものは、「三角形の角度を与えるから、辺の長さをいえ」ということである。これを数学の言葉でいえば、「角度を辺の長さに変換しろ」ということになる。しかし、勝手な三角形について、その角度を長さに変換しろといわれたのでは、たまったものではない。

とはいっても、第二次大戦中は、敵の飛行機を撃ち落とすためには手間はいとわぬということで、膨大な数表が作られたこともあったらしい。これは、観測地点ABの間の距離を1（キロメートル）とし、Aから敵機を見込む角を$x°$、Bからのそれを$y°$としたときに、縦に$x°$横に$y°$をとって（司令所のある地点Aから）敵機までの距離は何メートルという数字をズラリ並べた新聞紙全紙くらいの大きさのものだったという。それもそのはず、仮に角度が0.1°刻みで目盛ってあったとすると、90°まで目盛るだけで、縦・横それぞれ900個、全部で900×900個＝81万個の数字を書かねばならないからである。

戦争中はともかく、数表はできるだけ簡単にしたいものである。そこで、一辺の長さが1、一方の角が90°、すなわち標準的な直角三角形の場合についてだけ角度を長さに

第四章　サイン・コサインは三度習う

変換する表を作るから、あとはそちらで計算してくれ、とばかりに放り出したのがサイン・コサインであるといえなくもない。

エジプト（そして第二次大戦中の日本軍某高射砲陣地）では、二つの角を測定し、モデルとなる三角形を画用紙に画き、全体の模型、ミニチュアモデルを作ってから、比例定理を使って距離を出していたのに対して、サイン・コサインの思想は（それ自身はすでにプトレマイオスの時代に存在したというが）、標準直角三角形の角度を長さに変える表——これがサイン・コサインの表にほかならない——がありさえすれば、勝手な三角形については、計算によってすべてが求められるのだと主張するものなのである。

その計算のやり方を習うのが、三角比の授業の正弦定理や余弦定理ということになる。これも余談だが、第二次大戦中の某高射砲陣地でも、正弦定理を習ってきたある人物がそれを使って計算してみて、自分たちの数表がきわめて簡単に、そして正確に得られることに腰を抜かしたという。

これらを図式にすると、次のようになるだろうか。

現実の地形・建物——→縮尺モデル＝エジプト流——→サイン・コサインの計算 ＝ 近代モデル

ここにも、インドの深遠な自分探しの哲学に対して、その一部を取り出して方程式にした、アラビアと同じ種類の近代化を見いだすことが出来る。そのアラビアの隊商が使っていたナビゲーション用の方程式も、かなり幼稚な形式だったらしいが、すでにサイン・コサインを利用していたといわれている。

71

線形性と非線形性

　この便利なはずのサイン・コサインは、勝手な三角形を図に画いて、実際に測るという大変な手間をすべて直角三角形の計算に押しつけてしまうわけだから、それなりの複雑さを秘めている。こうして中・高校生は、サイン・コサインで生まれてはじめて「非線形性」に出会って、ひっくり返ることになるのかもしれない。

　もし、10人の大工さんが1ヵ月で1軒の家を建てるとすると、100人なら1ヵ月で10軒、2ヵ月で20軒……は少なくとも小学教科書では当たり前のことである。このように、一方が倍なら他方も倍、3倍なら3倍……というきれいな、教科書では当然とされる関係「比例・相似」などひっくるめたものを、数学では「線形性」と呼んで大切にする。数学だけでなく、工学その他でも「線形性」は重要な性質である。

　自動車などを設計する場合、縮尺モデルを使うことが行なわれる。実物を作ってしまうと、どうしても高価になるからである。そこで縮尺モデルで実験して、ある結果が出たなら、それを比例拡大して、実物ならどうなるかを推定することになるわけである。

　たとえば、$\frac{1}{50}$モデルで、50キログラム相当分の風圧を受けるとすると、実物ならそれを50倍して、$50 \times 50 = 2500$キログラム相当分の風圧を受けるだろうと考える。このときの考え方が「線形性」にほかならない。線形性は、模型から実物を推測するときの原理・原則として、人間性の奥深くに、証明なしに、しまい込まれているらしいのである。

第四章　サイン・コサインは三度習う

　だが、有名なゼロ戦の設計でこれをやって失敗したという話も伝わっているように、模型の縮尺分を逆に戻しただけではうまくいかないこともある。これは流体力学の非線形性、または加重の非線形性などとして知られているが、現実はそんなに甘くないのである。

　この「甘くなさ」「現実の渋さ」を一般に「線形性からのズレ」＝「非線形」と呼ぶのだが、中学・高校、さらには大学においてすら、これを、できることなら考えの外へ追いやりたいという意識が潜んでいるように感じられてならない。それなのに、中・高生はサイン・コサインで、この非線形性に真っ正面からぶつからねばならないのである。

　実際、サイン・コサインの表を見ていただければわかるように、30°のサインは0.5だが、それを2倍した60°のサインは0.86……、3倍した90°のサインは1.0である。おまけに、6倍すると180°のサインは0になってしまう。

　一方、中・高生の意識のなかに隠れている（それまで教科書でたたき込まれてきた）線形性は、30°が0.5なら、60°は1、90°は1.5、そして180°は3＝0.5×6であってほしいなあとささやく。というわけで、「サイン・コサイン見るのもいや」意識が育ったのかもしれない。

　これですめばまだしも、非線形なサイン・コサインが、線形な考え方からどうズレるのかは、公式を覚えて計算すればわかるのだとばかりに、やたら公式を詰め込まされるのだから、たまったものではない。

公式の詰め込み

　私の覚えている三角法の単元は、厄介な「角の和の基本

公式」を覚えることから始まって、積を和に直す公式、やっと覚えたころに半角・倍角の公式と続いていった。おまけに、それぞれの公式がサインとコサインのそれぞれにあるのだから、記憶しなければならない量は2倍どころか、うっかりサインとコサインを間違えると大変なことになるので、20倍でもすまないくらいだった。

心がけのいい学生なら、常日頃から「サインαプラスβはサインコサイン、コサインサイン」なんて繰り返しているかもしれないから、何が出ても平気だろうが、なんとか試験だけを（カンニングしてもよいから）ごまかそうとする学生だと、そうはいかない。

いいかげんパニクっているところへ、「三倍角の公式を知っているものには、10点おまけがあるそうだ」などといううわさを誰かが仕入れてくるものだから、それも覚えねばならず、試験前夜ともなると、夢のなかではサインとコサインが渦を巻いて、タンジェントと取っ組みあいをする始末。なんとか卒業させてもらえたのが、今となっては不思議なくらいである。

こうして、試験のあとはまったく忘れてしまった公式なのだが、大人になってから、カメラとかラジオ、テレビなどで、こっそりとではあるが何度もお目にかかることになるのだから、現代というのはまことに複雑な時代なのである。

とはいえ、「向こう岸までの距離なんて地図を見ればいいし、その地図だって人工衛星で写真を撮ればいいんだ」「それに、サイン・コサインなんて知らないでも、スイッチを入れれば、ラジオは聞けるし、テレビは見られる。カ

メラだって説明書を読んでボタンを押しさえすればいいんだよ」とうそぶくのが、多くの現代人というものであろう。

たしかにそのとおりではある。だが、先にオートマチック車とマニュアル車のくだりでも述べたが、それはまったく受け身の人生である。だが、受け身だけの生活に慣れきった頭脳に未来はないのではないだろうか。

実は、現代人がそれとなく感じている「なんとなく透明な疎外感」のもとは、いろいろな機械を使いこなさなければ現代生活が成り立たないにもかかわらず、そのなかで何が行なわれているかがまったくみえない。したがって自分自身の未来を見つけることが出来ない、という焦燥感のなせる業であるような気がしてならない。

そんな焦燥感は、トンカチや切り出し小刀を振りまわしていた時代、あるいは、ある機械や定理をトンカチのように完全に使いこなせる人間にあっただろうか？　ここにこそ、「数学をなぜ学ぶのか」「学問とは何か」という問いに対する答えが潜んでいるように思うのである。

三角比——レンズの設計

ある時代の日本には、三角比をまるでトンカチのように使いこなして、未来を設計できる頭脳集団があった。そして一時期、これはわが国の頭脳のシンボルでもあったと思う。残念ながら、そんなに意識されているようにはみえなかったが、ついこのあいだまでわが国の花形輸出産業だったレンズの設計は、この三角比とその公式を駆使することによって行なわれていたのである。

現在の人工衛星による観測データも、それを制御し送信

してくる超精密ICを作るのも、三角比を駆使して設計され、きわめて精密に研磨された日本製レンズのおかげなのだから、三角比は近代科学の基本中の基本であると同時に、今でもわが国が世界に誇ることが出来る頭脳的技術の一つの基本をなしているともいえるのである。

現在では、標準型のレンズを設計するつもりなら、いちいち三角比の公式などといわないでも、(家庭用)コンピュータを、2、3日もぶんまわせば十分である。だが、コンピュータがなかったころ、あるいはコンピュータが貴重品で、その使用料が天文学的だったころは、レンズ屋さんはホントに三角の公式を頼りに、紙と鉛筆、ソロバンに計算尺、そしてせいぜい(タイガー式)手回し計算機を使って設計を行なっていた。

終戦直後、わが国のレンズを一躍有名にしたニッコール85ミリも(あるいは50ミリf1.5ともいう)、こうした手計算で設計されたものだという。そういえば、戦艦大和に積んだ世界最大の距離計も、同じ日本光学が手計算によって設計・製作したものだった。

この手計算のなかに、今でもコンピュータではうまく出せない日本人特有のきめ細かさや、切れの良さが込められていて、それが『ライフ』誌のカメラマン、ダンカンを驚嘆させたニッコールの切れ味になったのだ、といううわさだからおそろしい。

主にツァイス・コンタックスに使われたガウス式レンズとか、ライカに使われたベルテレ式レンズ(ニッコールの日本光学なら脇本グループ)などという名前を持ち出すまでもなく、当時の数学者はレンズの設計や切れ味に、その名

を残したのである。だから、この当時の数学者のあこがれの職業の一つが、レンズの設計に携わることであり、そのためにも、三角比の公式などはトンカチ以上に自由自在に駆使できなければならなかったのである。

　実際、そのころの入試問題などに、そういう先生の得意分野に属し、いかにも「レンズの収差計算の途中を出したにちがいないな」などと思わせる、とんでもなく難しい、サイン・コサインの計算問題が混じっているのを発見してニヤリとすることもある。しかし、現在では、そんな難しい問題どころか、サイン・コサインの問題自身にもあまりお目にかかることがない。意識するとしないとにかかわらず、時代は変わり、数学もそれにつれてうつろうのである。

　普通は、こんなことに気づかないでもいいのだが、無収差レンズの計算をさせられたこともある私には、それが見えるような気がする。こんなことでもなかったら、私自身だって、三角比の細かい公式なんか忘れていたにちがいないし、したがって、そんなことには気づかなかったかもしれないのである。

三角関数と三要素

　高校へ上がると、サイン・コサインは三角関数という名前で呼ばれるようになり、少し高級な感じになる。名前が変わっただけで、三角比より偉くなった気がするし、おまけに、そんなに難しい公式も出てこない。変なところで「さすがは高校」と思ったものである。

　公式としては、せいぜい周期は同じで、大きさだけが異なるサインとコサインを加え合わせれば、サインに戻るこ

とぐらいを覚えておけばよかったのだから、まったく天国だった。

この公式そのものは、比較的簡単で、

a・sin（2πft）+b・cos（2πft）
$= \sqrt{a^2+b^2} \sin(2\pi ft + \theta°)$

を覚えればよかったが、θの計算がややこしいということで、aやbをいろいろに変えて、たとえば、

1・sin（2πft）+1・cos（2πft）
$= \sqrt{2} \sin(2\pi ft + 45°)$ ………①

のような式を覚えさせられたものである。

これらの式で、2πはサイン・コサインが波を表わすときのおまじないであーる、もしどうしてもというなら、πは半回りのことで180°、2πは一回りのことで360°と覚えろ、だから90°は$\frac{\pi}{2}$、45°は$\frac{\pi}{4}$のことじゃ、ホントは混ぜてはイカンが、お前がたにはその方がいいじゃろ。一方、tは時間だから秒単位でよいが、fというのは周波数を意味している。だから、もし3.58メガヘルツの波を考えたいなら、メガヘルツというのは1秒間100万回のことであるから、

f=3,580,000

という天文学的な数字になるんじゃよ、と説明されたときには、ちょっとたまげてしまった。

いうまでもないことかもしれないが、sinやcosの前についているa、b、1などの係数が振幅であり、最初の公式のいちばんうしろに現われるギリシャ文字θ（シータ）とか、①式の45°が位相である。位相θは、実はあとに述べるように、サインとコサインの「混ざり具合」も表わして

いて、上の①式は、1：1に混ぜた場合であり、この場合なら45°になるという意味である。

また、仮に1：0に混ぜると0°、0：1に混ぜると90°になる。これらを式で書くと

$1 \cdot \sin(2\pi ft) + 0 \cdot \cos(2\pi ft)$
　　$= \sqrt{1} \sin(2\pi ft + 0°)$ ………②
$0 \cdot \sin(2\pi ft) + 1 \cdot \cos(2\pi ft)$
　　$= \sqrt{1} \sin(2\pi ft + 90°)$ ………③

ということになる。

だが、この天国にも、悪魔はいた。「公式は簡単だが、三角関数の三要素だけは『死んでも』忘れるな。三要素とは、振幅、周期（周波数）、位相であーる。わかったかっ！」と大喝されたからである。

振幅、周波数まではよいとして、位相となると、式の上では覚えられても、ホントは何がなんだかわからなかった。しかし、教室にかかった振り子時計を指さした先生に、「振り子を使ったカンニングの方法の一つだ。バカ」といわれて、はじめてわかったような気がしたものだった。

もちろんよくないことではあるが、振れ幅を意味する振幅や振れの速さを意味する周波数でカンニングをするのなら、ハンカチを「大きく振る」ないし「速く振れ」ばマル、「小さく振る」か「ゆっくり振れ」ばバツ、というやり方が出来る。現代流にいえば、振れ幅 ＝ 振幅、ないし、振れる速さ ＝ 周波数によって（カンニング）情報が伝えられるのである。

これに対して、位相による方法は、どうやら教室中央の振り子時計を標準にして、ハンカチを「それと同じに振

79

る」とマル、「それからズラして振れば」バツというものだったらしい。

　こうして上っ面だけわかった気になっても、ろくに科学的知識も常識もない生意気高校生に、本当のところ、これだけでなぜ「死んでも……」かは、わかるはずもなかったが、とにかく試験に通してもらえさえすればいいのだからと、先生のご機嫌を損じないように、必死で三要素を暗記したものである。

　しかし、大人になった今、この先生の偉大さがよくわかる。三要素は、ちょうどそのころから実用され始めた（NTSC方式の）カラーテレビや（ステレオ）ラジオの理論の基本部分だったのである。NTSC方式を考えついたアメリカの科学者や技術者連中は、この三要素とその理論を骨の髄までしゃぶり尽くして、それまでの白黒テレビに見事カラーを乗っけたのだった。

「テレビやラジオと三角関数にそんな関係なんかあるはずなかろう。だいたい、数学が実生活の役に立つなんて想像も出来ない……」とお疑いの向きは、振幅、周波数を英語に直してみられるとよい。それぞれAmplitude、Frequencyである。AとFとをわざと太字にしているところがミソなのだが、「これとラジオがふかーい関係にあるんです」と一言いうと、カンのいい方なら直ちにAMラジオとFMラジオを思い出していただけるにちがいない。

　大きい声なら、カンニング用のハンカチのかわりの電波の振幅を大きく、小さい声なら振幅を小さくするという具合に、電波の「振幅・Amplitude」を変えて、カンニング情報ならぬ、声の情報を送っているのがAM放送であり、

振幅のかわりに周波数を変えることにして、大きい声では周波数を高く、小さい声では周波数を低くという具合に、声の情報を「周波数・Frequency」に乗せるのがFM放送である。

ただし、これはあくまで象徴的にいっているだけである。本当は、声をプラスとマイナスの間を揺れ動く電気信号に変え、プラスの電気がきたときは振幅を大きく、ないし周波数を高く、というのが正しいのだが、そんなこといってこんがらかるより……という知恵もお酌み取りいただきたい。この知恵も、昔の先生たちにならったつもりである、というよりはご理解を乞わねばならない。

さて、(白黒)画像と声という2種類の情報を送らなければならない白黒テレビについては、白黒画像をAM、すなわち振幅で送り、声をFM、すなわち周波数で送ればよい(または、その逆)ことに気づいていただけると思う。実際にも、欧米はいうに及ばず、わが国においても、この方向で白黒テレビは成功していた。ついでに言うと、白黒テレビについては、わが国も応分の寄与を誇ることが出来る。高柳(健次郎)博士とその周辺では、いち早く白黒テレビ放送に成功していたのである。

カラーテレビの秘密——位相の活用

白黒テレビにカラー信号を乗せるのは、世界の科学者・技術者を悩ませた難問だった。そこに三角関数の三要素のうちの最後に残った要素「位相」が登場する。振幅を変えて白黒画像、周波数で声を送ったのなら、残るは位相しかない。それによってカラーを送ろうというのが、NTSC方

式のアイディアだったのである。

　これこそが「三角関数の三要素を『死んでも』忘れてはならない」理由だったのだろうと、今になって私はしみじみと思う。

　カラーは、赤と青と緑（絵の具では黄色だが、テレビでは緑を使う）を混ぜ合わせて作られる。ということは、画面上の一点一点について、赤がいくつ、青がいくつ、そして緑がいくつという情報があれば、カラー映像が送れるわけである。

　これを位相でやるのなら、まず標準にすべき sin の波を送る。これは教室中央の時計のかわりである。そしてカンニング生徒ならぬ、テレビ画面が、その部分ごとに送ってきた信号を見て、標準信号からのズレがないのなら「赤が1で他はゼロ」という情報だと解釈する。

　放送側から見ていえば「この部分を赤く塗れ」、すなわち「赤が1で他はゼロ」という情報が送りたければ、標準の sin の波と同じもの、式で書けば

　$\sin(2\pi ft)$、$f = 3{,}580{,}000$

で送ることにするのである。

　同じようにして、「青が1で他がゼロ」という情報は、標準の sin の波を90°ズラして cos の波、式で書けば

　$\cos(2\pi ft)$、$f = 3{,}580{,}000$

で送る。

　cos の波が sin の波をちょうど90°だけズラしたものであることは、先の③式が示している。ここが数式の有り難さである。実際、ちょっと書き換えると③式は次の式になる。

　$\cos(2\pi ft) = \sin(2\pi ft + 90°)$　………③′

第四章　サイン・コサインは三度習う

　さらに問題になるのが、「赤をいくつかと青をいくつか混ぜた」という情報を、どうして送るかということである。ここに、コサインをわざわざサインが90°ズレたものと見た理由が隠れている。言い換えれば、先ほどの位相が本格的に、実にカッコよく登場するのである。

　仮に「赤を1、青を1混ぜた……色でいえば紫」という情報が送りたいものとする。これを式で書けば、

　$1 \cdot \sin(2\pi ft) + 1 \cdot \cos(2\pi ft)$ を送りたい
　　　——これが標準のサインから何度かズレていれば
　　　　位相で送れる

ということになる。これは標準の sin の波から45°ズレていることが上の①式からわかる。これを示すのが

　$1 \cdot \sin(2\pi ft) + 1 \cdot \cos(2\pi ft)$
　　　$= \sqrt{2} \sin(2\pi ft + 45°)$

だったのである（正しくは、それを $\sqrt{2}$ 倍したもの）。

　これを逆にいうと、送られてきた

　$\sin(2\pi ft + \theta°)$

という波が、標準の sin の波からどれくらいズレ $\theta°$ をもっているかを計算すれば、赤と青との混じり具合を表わす色情報が得られることになるわけである。そのズレ $\theta°$ が 0°に近ければ赤が強く、90°すなわちコサインに近ければ青が強いことになる。

　これで赤と青、そしてそれらを混ぜたものなら送れるということになったのだが、まだ問題は残っている。緑をどうして送るか、である。二匹目のドジョウを狙うなら、サイン、コサインの次はタンジェントということになりそうだが、これは通用しない。

そのことを示すのが、
　tan＝sin／cos
という公式である。これは、sin、cos の両方がわかっていれば、割り算によって、tan が計算できてしまうことを示している。これを有り難いと感じるか、有り難くないと感じるかは立場によって変わってくる。
　有り難くないと感じるのは、緑を tan で送ってみたい、とにかく実験してみよう派であろう。しかし、これはどうやっても失敗する。というのは、この公式は、sin が送る赤の量と cos が送る青の量とがわかっていれば、その比として tan が送るはずの緑の量が決まってしまうことを示しているからである。
　要するに、実験などやってみる前に、tan で緑を送るなどとうてい出来ない、ということがわかってしまっているわけである。そこで、無駄な実験をして、お金や時間をかけないでもすむことになる。これが有り難い派である。
　このように「これを利用すればうまくいく、試験に通る」だけを目的とするようにみえた公式も、視点を変えれば「その方向をとれば暗礁に乗り上げますよ。だからこっちへ行ったらどうでしょう」という、実に親切な、神様が下さった「道しるべ」にもなり得るのである。
　数学の公式が「だから、こっちへ」という「道しるべ」になったもう一つの象徴的な例は、中身を先にいえば「なあんだ」といわれそうな、次のような単なる足し算・引き算の式に見ることが出来る。
　黒＝赤＋青＋緑
これは、単なる絵の具の混ぜ合わせの式なのだが、見る人

が見ると、カラーテレビの秘密を解く第二の鍵になっていた。

この人は、「白黒の情報は、すでに振幅で送られている白黒画像のなかに含まれている」「だから緑の情報は、黒の情報から、赤・青の情報を引き算すればよいではないか」と考えたのだった。こうして、今日のカラーテレビの基礎が築かれたのである。

　緑＝黒－（赤＋青）

現在、アメリカはもちろん、わが国でも利用されているNTSC方式のカラーテレビでは、赤・青の情報は、ごく短い時間送られる3.58メガヘルツの標準のsinの波と、画面のなかでそれを少しズラして送られるsinの波との、ズレを計算することによって得られ、緑の情報は、それを振幅が送る白黒の情報から引き算することによって得られている。

こうして、アメリカの数学的頭脳は、カラーテレビの世界を乗っ取ったのである。

三角級数とミニディスク

三角関数とそれに基づくカラーテレビがアメリカの数学的勝利を象徴するのなら、最後の三角級数とそれを利用したミニディスクは、ある意味でわが日本の数学的勝利の旗だと私は思う。

野球やサッカーなら熱狂的に応援し、手品の種なら必死に見破ろうとするくせに、ミニディスクの秘密に関する熱狂や報道が少ないのが不思議なくらいだが、三角級数を利用して、直径12センチのコンパクトディスク（CD）の内

容を、直径たった7センチ弱のミニディスク（MD）に詰め込む手品に成功したのは、わがソニーである。もっとも別項で述べたように、すでにコンパクトディスク自身が、やはりソニーに代表されるわが日本の頭脳的勝利だったのである。

ミニディスクの見事な手品の種を見破るには、音楽的な素養がホンの少しあった方がよい。コールユーブンゲンとかソルフェージュというかなり専門的な音楽用語をお聞きになったことがあればよいが、なかったとすれば、コールユーブンゲンとは、楽譜を読んで歌を歌うこと、式で書けば

「楽譜→音」の変換

とお考えいただいて、ソルフェージュはその逆、（ピアノの）音を聞いてそれを瞬時に楽譜として書き残すこと、式で書けば

「音→楽譜」の変換

と理解していただければよいと思う。

さらにもう一つ、楽譜で書いてあれば、交響曲など音楽のもつ膨大な情報は1冊の本にまとまってしまって、簡単に持ち運びが出来るということも記憶にとどめていただけると有り難い。仮に「交響曲そのもの」をもって歩こうとしたら、楽団員から楽器、おまけに演奏会場まで運んでゆかなければならないかもしれない。これは、たぶん大型ジェット機を借り切っても無理である。

今をはやりのコンピュータ・サイエンスの言葉を使うと、楽譜は音楽が含む情報を、驚くほど小さい1冊の本に「圧縮」したものであり、ついでに、ソルフェージュはその

第四章　サイン・コサインは三度習う

（人間による）圧縮操作、コールユーブンゲンは（人声による）その復元操作だともいえる。

この一連の操作を図式化すると、次のようになる。

音楽情報→（圧縮）→楽譜→（復元）→音楽

そこで、もしソルフェージュやコールユーブンゲンを、人間にかわって機械がやってくれて、自動的に音楽情報を圧縮して楽譜に書き、逆に楽譜を自動的に読んで復元してくれたらと誰かが考えたとしても不思議はない。そうしたら、とてつもなく大きい音楽情報は、（ソルフェージュやコールユーブンゲンが出来る音楽の天才がその場に居合わさなくても）機械用の小さい楽譜に圧縮できて、どこででも復元できるにちがいないからである。

この際の機械用の小さい楽譜がミニディスクであり、ソルフェージュとコールユーブンゲンをやってのける数学が、三角級数の理論であることは多分ご想像いただいているとおりである。

そのためにソニーが利用した三角級数の最重要定理、ないし公式は（ちょっと粗っぽく、しかし冷たくいえば）、

定理：たいていの周期関数 f は三角級数に展開できる

というものである。これは、f という関数が、ごくまれな例外を除けば、三角級数というもので書き表わせると主張するのだが、これだけではわけがわからないだろうと思う。

そこで、まず三角関数 $\sin 2\pi ft$ が周波数 f をもった波だということを実感していただこう。これには音叉をコーンとやるか、ラジオの時報ツーツーツー・ポーンをお聞きいただくのがいちばんである。（普通の音叉なら）コーンもツーツーツーもだいたい同じ高さの音で、周波数440Hz

をもった澄んだ（しかし色気のない）音である。これをスペクトラム・アナライザとかオッシロスコープなどという1台が数十万円する道具で見ると、たしかに $\sin 2\pi \cdot 440t$ の波になっていることが見える。ついでにいえば、大きい音で聞くときには、たとえば $10\sin 2\pi \cdot 440t$ になっているし、小さい音では、たとえば $0.1\sin 2\pi \cdot 440t$ になっている。しかし、これは上等な音叉か、ハイファイのラジオのときのことである。安物だと、ギャイーンとかジィジィ・ビィーンというように聞こえてしまう。

この安物の音を上の道具で観察していただくと、それが、$\sin 2\pi \cdot 440t$ に混ぜものをした音であることが見える。何をどれくらい混ぜるとどうなるかは想像していただくほかはないが、たとえば元の音 $\sin 2\pi \cdot 440t$ に、0.5くらいの倍音 $\sin 2\pi \cdot 880t$ を混ぜて、

$\sin 2\pi \cdot 440t + 0.5\sin 2\pi \cdot 880t$

としてみると、多少濁った、しかしちょっと甘い音になる。

ここで倍音というのはオクターブ高い音のことで、周波数でいうと2倍になっている。時報では、最後のポーンという音がツーツーツーの倍音になっている。もっとも、音楽と数学がちょっと違うのは、数学では、それから先が3倍、4倍、5倍……と無限に続くことである。

とにかく、このような混ぜものをした波のことを三角級数と呼ぶことになっている。慣れてくると、混ぜものの大きさを指定するだけで、どんな音になるかがわかるそうで、たとえば、混ぜものを続けた以下のような三角級数の式を見ただけで、「これはハスキーな声だろ？」という人もあると聞いている。しかし、ホントに作ってみると、私には

第四章　サイン・コサインは三度習う

ジャイーンとしか聞こえなかった。

$\sin 2\pi \cdot 440t + 0.5 \sin 2\pi \cdot 880t$
$\qquad + 0.25 \sin 2\pi \cdot 1320t + 0.125 \sin 2\pi \cdot 1760t$
$\qquad + 0.0625 \sin 2\pi \cdot 2200t + \cdots\cdots$

いずれにせよ、三角級数というのは「大きさ付きの無限に詳しく書いた機械用の楽譜」であると理解していただけるのではないだろうか。

ついでに関数fとは、音楽信号のことであると理解すると、先の定理は（ごくごく稀な例外はあるかもしれないが）、

「どんな音楽信号も、無限に詳しい（大きさ付きの機械用）楽譜でならピッタリ書き表わせる」

と読める。

それなら、「無茶苦茶に詳しい」＝「無限に続く詳しい楽譜」のかわりに、「適当に詳しい」＝「適当に有限なところで切ってしまった楽譜」を使ったら、どれくらいの誤差が出るだろう。たとえば、100倍音までの大きさ付き楽譜を使ったら、人間の耳ではわからないくらいの誤差しか出ないのではないだろうか、とソニーは考えたらしい。

ここまでくれば、「ミニディスクに入るだけの楽譜で、誤差を人間の耳にはわからないようにすることは出来るか」という誤差論の問題（コンピュータで処理する場合はノイズシェーピングという方が普通）になる。

ここで、（数学とは縁遠いと考えられてきた）「取引」が現われる。ミニディスクに即していえば、楽譜を詳しくしさえすれば、誤差が小さくなって原音に忠実な度合いが増すにはちがいない。しかし、だからといって大きくしすぎ

て、CDより大きいサイズのミニディスクが出来上がってもしようがない。だから、ソニーの戦略の成功は、誤差を非常にうまく計算して、それをちょうどよい点にもっていった点にあるともいえるのである。

　こうして「(新しいタイプの)誤差の計算」、「取引の数学」が表舞台に立つことになるわけだが、この誤差を研究するとき、数学はどうしても、「任意の入力」「すべての関数」に関して収束することの証明とか、その誤差を一般の不等式によって押さえなければならないなどなど、難しいことをいって嫌われてしまう。第五章で述べるように、数学はこれまで「任意の」「すべての」そして「一般に」を非常に大切にしてきたのである。これを、偉大すぎたユークリッド先生の呪縛だといってしまえばそれまでだし、そんなことはどうでもいいから、コンピュータで100万回も当たれば「だいたいそれでいいだろう」という考え方もまんざら悪くはないのだが、どうやら人間の感覚は、コンピュータだけではない部分を残しているようで、ミニディスクで虫の音などを録音してみると、ときどきオヤッと感じることがないではない。

　何がコンピュータを超えた感覚なのか、それを数学はどう取り扱えばいいのか。これを考えることが、ひょっとしてユークリッド先生を超えること、そしてこれこそが、ユークリッド先生自身が望んだことかもしれないのである。

第五章　幾何学を知らざるものは

マセマティックスの誕生

さて、いよいよ「幾何学を知らざるものは」と大見得を切る場面に入ろう。

このあいだ、ギリシャはテサロニケに滞在して、ギリシャがその昔、最先端科学工業国家であったことを再発見し、「なるほど、この上に世界国家を築いたんだな」と納得した。

たとえば窯業製品にしても、かなり精密に温度制御を行なったにちがいないと思わせるものが残っているし、またテサロニケ大学の友人によると、この当時から、松明を利用した「光通信」がかなり広範囲に行なわれていたようで、今なおテサロニケの高台を横断する城壁の門には、通信・信号用の松明を焚いた跡が残っている。この地に生まれたアレクサンダー大王は、ここから出発して世界帝国を築き、この松明通信によって戦勝報告を行なったそうである。

そのアレクサンダー大王の戦利品は、金・銀よりも、むしろ科学・技術だったという。エジプト・メソポタミアゆずりの測地学も、高度な造船の技術もこうしてもたらされたものだというのである。お国自慢を割り引きしなければ

ならないだろうが、それが、この地方に根づいた「経験は、理論によって裏付けされ、普遍化されてはじめて、真の技術たり得る」とする考え方を得て、近代を背負う学問・理論へと進化したのだそうである。

これが、どこまでホントで、どこからがお国自慢なのかについては、現在発掘中の遺跡の調査が明らかにするかもしれないし、このような文明の底流は、目に見える形の痕跡は残していないかもしれない。底流というものは、とかく、複雑にして高度な理論と見事な科学の成果の陰に隠れて見えにくいものである。

見えようと見えなかろうと、「『経験則や特殊な現象についての実験結果』を分析して、その原因を探って普遍化し、一般に成り立つ法則として捉え直すこと」が学問なのだという思想こそが、その後の西欧文明、そして近代文明を担ったことには間違いがないような気がしている。

たとえば、船の建造にあたっての復元性や運動性に関するいろいろな経験則が、この当時の海軍先進国であるペルシャあたりから持ち込まれていたらしい。これを彼らは、浮力などの概念を用いて普遍化・理論化し、かなり精密に把握し直したらしいのである。

それだからこそ、ギリシャ軍は新型軍船を建造することができて、(復讐の念に燃える?)ダリウス大王の子クセルクセスが率いるペルシャ大帝国の水軍を敗走させることに成功したのではなかったろうか。また、このとき、海岸線に鏡を並べて、反射する太陽光を敵船に集中させ、これを焼き払おうとしたという話も伝わっている。実際に可能であったかどうかはともかくとして、このためには回転放

物面を考えねばならないのだから、経験や実験だけで、その可能性に思い至るのは困難だったはずである。多分、ギリシャは、すでにこの時代に、鏡や光線の物理学だけでなく、放物線の幾何学を理論的かつ精密に知っていたのにちがいない。

　こうした精神、そして思想の底流が、ユークリッドの幾何学原本として昇華し、またアルキメデスの物理学・工学に結実したように私は感じている。

　今日では、それらは単にユークリッドの幾何学、アルキメデスの物理学と呼ばれ、本書でも、「ユークリッド先生の幾何学」と呼ぶにせよ、これはアレクサンダー大王の前後から勃興した、ギリシャ精神を象徴するものではなかったかと、歴史に弱い数学者は考えるのである。

　たとえば、王冠の成分の分析法を考えていたアルキメデスが、入浴中に「浮力の法則」を発見し、裸で町中を走り回ったという逸話は有名である。これは、一方では、当時、王冠くらいの大きさ・重さの物体の高度な成分分析が必要であり、また、それが可能であったことを示すと同時に、他方では、造船術などで（理屈抜きに）知られていた浮力についての経験則が、理論として取り扱われ、普遍化されねばならないことを彼らが知っていたことを示してもいるように思うのである。このような「流れ」の上にこそ、「学問」が、そして「近代科学」が花開いたといえるのではないだろうか。

　まさにこの点に、経験から得た「定理」によって天体観測を行ない、ピラミッドの測量を行なったメソポタミアと、それを精密科学に昇華させようとしたギリシャの違いが見

いだせるような気がする。ギリシャは、メソポタミアに測量学とそれに付随する「定理」を習いはしたが、それを精密科学にまで高める必要性を認識し、人類史上最初に「それを確かめ、証明する」ことを実行したのである。

これは師のメソポタミアを記念して（？）「幾何学」（ジオ・メトリア＝土地を測るもの）と呼ばれはしたが、単なる幾何学にとどまるものではなく、「迷信と真理が入り混じった単なる言い伝えの世界」に決別して、「カンや経験則」を「証明できる、したがって誰でもが納得すべき論理」、さらに「それに従って設計・製作すれば、間違えない限り確実に動く」、すなわち「現代の科学・技術理論」へと昇華させるためのものだったと私は思う。その自負が「幾何学を知らざるものは……」というスローガンを高々と掲げさせたといっても言い過ぎではないだろう。

ギリシャはこのような広範な学問の総称として、「メタ・フィジカ」（哲学では形而上学）という言葉も用意していた。わが国では、これと「哲学」（フィロ・ソフィア＝知を愛する）とがときどき混用されるが、本来は「目に見える世界」＝「現象」を意味した「フィジカ」（哲学では形而下、「身体的」ないし「物理的」の語源）という言葉に、「メタ＝その上」をくっつけた「現象のうしろにあって、それを操っているもの」という意味だったという。アルキメデスの王冠の場合なら、王冠に働く浮力が「メタ・フィジカ」だったらしい。

ただ、メタ・フィジカが物理学的・工学的応用までを含んだ概念だったのに対して、ジオ・メトリアは、どうやらその論証を司るべき中枢部分を意味したようである。テサ

第五章　幾何学を知らざるものは

ロニケ大学の悪友どもによると、哲学はもちろんのこと、これらすべてを修行することが、マーセマ（現在のマセマティックス＝数学の語源）にほかならなかったという。しかし、数学という学問がこれとは違った意味で確立されてしまった現在、ギリシャへの回帰は新しい言葉「ポリ・マセマティックス」（総合数理）を用いて呼ばねばならないかもしれない。

幾何学を作る三つの部分

さて、この幾何学を作り上げるに当たってユークリッド先生は、それを二つの部分（ホントは三つの部分？）に分けた。第一は、「(先に述べたように神様や悪魔はもちろんのこと) 人間である限り、誰でもが認めるはずの部分 ＝ 公理」であり、第二は「公理から、(機械的に！) 推論によって導き出せる部分」である。このなかに、あとに述べる必殺技としての定理も含まれる。

最後の（三つ目の）部分は、ユークリッド先生の原本には明記されていないのでちょっと遠慮しなければならないが、こうして出来た幾何学がどれくらい正確に現実を写すか、役に立つかという部分である。これはちょうど１軒の家が「基礎の部分」と、その上に乗っかった「上モノ」とに分けられるようなもので、それぞれを第一、第二の部分とすれば、家の場合そこに住む人がいて、家の住みごこちがどう評価されるかという問題が、明記されていない第三の部分に当たる。

（ある時期）幾何学を専攻したものとしてちょっと残念なのは、人類文明史上に燦然と輝くユークリッド幾何の基礎

部分や、それを含んだ全体の構造がかなり見えにくいことである。そのために、幾何学といえば平面図形の入試問題と受け取られてしまいがちで、ひがんでいうのではないが、プロの数学者のあいだですらその評価は何だか怪しいようにも感じられる。

こんなことになるのも、外から見えやすいのが、とかく「上モノ」であったり、その上にさらに乗っけた植木鉢であったりするからかもしれない。「植木鉢のような『幾何学問題集』」というつもりはさらさらないが、少なくとも見えやすいところだけがユークリッドの幾何学のすべてである、とは考えない方がよいのではないだろうか。

それにしても、ユークリッド幾何学の公理の部分、基礎部分はわかりにくかった。といえば、昔の幾何学の教科書をご存じの方なら、直ちにうなずいていただけるはずである。最初っから「点とは位置のみありて、長さ、広さともになきものなり」とか、「相異なる2点を通りて、ただ一つの直線あり、直線には幅なし」などという、当たり前のような、そうでないような、要するにわけのわからない文章が並んでいたのである。

これではならじと、少し進んだ解説書を読むと、今度は、点や直線はあくまで抽象的なモノ、無定義要素であって、それが公理に述べる関係性さえもてば、椅子と机であろうと、茶わんとさじであろうとかまいはしない……などと書いてあるので余計わけがわからなくなって、結局「そんなもの読んでないで、とにかく問題集をやって試験に通ろう」ということになってしまった、というのが私の場合である。

第五章　幾何学を知らざるものは

ゲームのルール

　しかし、この年齢になってみれば、公理というのは将棋の駒を動かすときのルールのようなものだったということがわかる。幾何学は、いわば一種のゲームだったのである。点とか直線とかはゲームの駒、公理は駒を動かすときの規則であり、これらは、幾何学ゲームを楽しむために、これだけは最低限覚えておかねばならないというシロモノだったのである。

　こうみれば、「歩兵」や「王将」という駒に「ポーン」や「キング」、さらには「茶わん」や「さじ」を印刷してみたところで、ルールが同じならゲームそのものは変わらない。というわけで、少し進んだ解説書に、点と直線だろうと茶わんとさじだろうとかまわないと書いてあったのだと思う。

　また教科書で習う、あるいは数学者が作り出す「定理」は、幾何学ゲームを行なうに当たっての一種の定石であって、いちいちルールにさかのぼって考え直さなくても、このパターンになったら、これを使えば「勝ち」に持ち込めるということを教えてくれる、いわば有り難い必殺技なのである。

　ただ、幾何学をゲームになぞらえたからといって、軽く考えないでいただきたい。たとえば、インドに起源をもつといわれている将棋にしても、その当時は軍事作戦研究用の崇高なゲームだったのである。インドにはいろいろな駒とルールをもった将棋があったというが、それもそのはず、参謀たちはそれぞれの戦闘場面によって、異なったルール

の将棋を使い分けて、ホンモノの戦争をその駒の動きのなかに取り込んで近似し、自らの作戦による勝ち負けを占い、勝ち抜こうとしたのである。そのために将棋の駒やルールは何種類も作られ、何度も作り替えられた。こうして作り出された将棋のうちのあるものだけが現在、純粋なゲームとして定着しているのは、ご承知のとおりである。

作戦の道具としてのホンモノの将棋は、実戦によって厳しい評価を受けねばならない。

話は少し飛ぶが、第二次大戦中の日本軍にも兵棋と呼ばれる将棋に似たゲームがあって、それによって作戦を検討したという。海軍なら軍艦や飛行機、陸軍なら戦車や兵隊という駒があって、軍艦なら一手で1マスしか動けないところを、飛行機なら10マス動ける。そのかわり飛行機は敵弾を1発食らえば墜落するが、軍艦は10発食らっても少しは動ける……というようなルールになっていたそうである。もっとも、日本軍が負けそうになると、沈没したはずの軍艦を浮上させるという離れ業もあったらしいが。

対する米軍は、ゲームの理論やオペレーション・リサーチと呼ばれる数理的方法を開発して、すべての可能性に細かく重みをつけ、その有利さを探るという手段に出た。1発食らえば墜落などという粗っぽいやり方ではなく、どのように飛べば、どこに食らいやすいか、どのように操縦すれば、食らわないですむかまでを、こと細かに計算したのである。

どちらがよく現実の戦闘を取り込んで近似し、その結果がどうなったかは、いちいち説明するまでもないと思う。歴史そして事実は、残酷なまでに正確な評価を下すもので

第五章　幾何学を知らざるものは

ある。

　幾何学の場合、それを評価する戦場はその当時の測地学であり、天文学そして物理学、論理学、さらに下っては神学だった。ユークリッド先生は、幾何学というゲームの駒やルール、言い換えればその土台・公理を、これらの科学が要求する厳しい条件をすべて満たすように作り上げて、現実を精密に写し取ったばかりか、（いくつかの痛み分けを除いて）2000年の長きにわたって、あらゆる勝負に勝ち抜いたのである。この意味で、今日もなお「幾何学を知らざるものは……」といわなければならない。

ユークリッド先生のすごさ　Ⅰ

　ユークリッド先生のすごさの第一は、「すべての」点、直線、三角形、四角形……を考えられる論理を作り上げた点にある。もし「どんな三角形でもその内角の和は180°だ」とか「どんな三角形でも、その面積は『底辺掛ける高さ割る2』である」ということを確かめようと思って、いちいち三角形を画いて測ったりしたら、どんなことになるかを想像していただきたい。

　仮に、スーパーコンピュータや最新型のグラフィック装置を使って、一つの三角形を画くのに0.1秒、その底辺と高さを測って面積を計算するのに、これまた0.1秒ですんだとしても、画くべき三角形が100万個あったとしたら、20万秒＝約55時間半かかる勘定である。しかし「すべての」三角形が、100万個ですむはずはない。もし1億個を確かめるつもりなら、5555時間＝約231日＝約7ヵ月半が必要になる。もちろん三角形は無限にあるから、すべて

の三角形を測り終えるまでに無限の時間が必要。これでは誰もが死んでしまう。

　進歩したようにみえるコンピュータも、ある特定の三角形の内角や面積には無類の強さを発揮できても、「すべての」「どんな三角形でも」といわれたとたんに、今でもユークリッド先生に降参しなければならないのである。

　そのかわりにユークリッド先生は、この強さと引きかえにややこしい公理をおいた、といえなくもない。ついでにいえば、幾何学の授業で「三角形ABCを画け」といわれて、うっかり二等辺三角形や直角三角形を画こうものなら、とたんに「バカァ」と雷が落ちた理由もこれである。「すべての三角形」を考えるためには、ある特定の三角形を頭においてはいけないのである。となると、何を画いたらいいかわからなくなるが、ホントのことをいうと、何も画いてはいけないのである。「だが、それでは何をやっているのかまったくわからない（居眠り）学生のために、やむを得ず、黒板に三角形らしいモノを画いているのだ」「だから、お前たちも、せめて二等辺とか直角三角形は避けろ」というのが、雷先生の本意だったのだろう。実際、何かを画いたとたんに、それならコンピュータでもやれるとなってしまうのである。（以下、三角形の内角、外角、対頂角が何をさすか、図5-1を参照されたい。）

「すべての」三角形の普遍性

　たとえば、「三角形ABCの内角の和が180°」は「どんな三角形ABCについても成り立つべき」ことである。だから「もし、三角形ABCが正三角形だったら、どの角も60°、

第五章　幾何学を知らざるものは

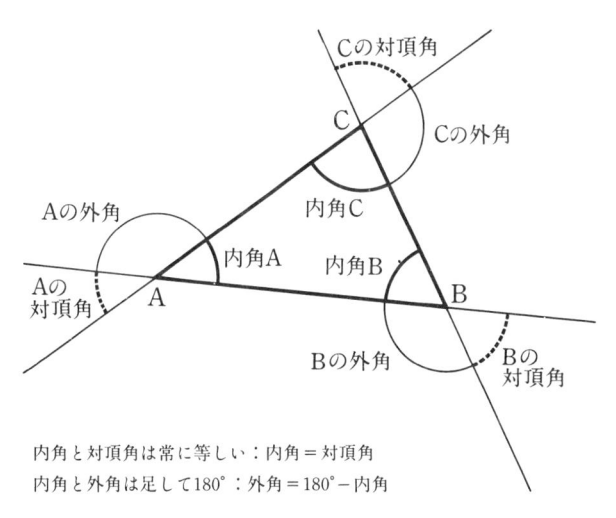

図5-1

内角と対頂角は常に等しい：内角＝対頂角
内角と外角は足して180°：外角＝180°－内角

だから、全部の和は180°」とやると、完全な間違いになる。当然「もし、三角形ABCが直角三角形だったら……」も「二等辺三角形だったら……」も許されない。（居眠り）学生も、幾何学の教室では、無限（にある三角形）との無制限一本勝負に引きずり込まれているのである。

　この勝負に勝ち残るために、次のような公理と定理が準

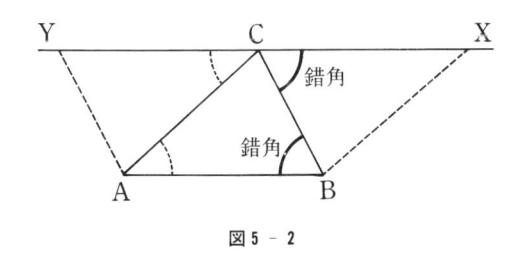

図5-2

備されている（図5-2）。

 (平行線の) 公理：直線ABの外の点Cを通って、直線ABに平行な直線CXが1本だけ引ける。

 (錯角の) 定理：もし、直線ABと直線CXとが平行だとしたら、
　　　　∠ABC＝∠BCX
である。

　これらの必殺技を使えば、無限との無制限一本勝負に勝てる、バンザイ！ということを示すのが、幾何学の証明というものである。そのために、これらの道具のなかでは、決して三角形に注文をつけたりしていないことに、とくに注意していただきたい。だからこそ「相手が何であっても」という無限との無制限勝負に勝てるのである。

　もちろん、現在の教科書にのっている問題は、誰かが一度勝負して決着を見た、いわば残り物ばかりなのだから、勝てて当然である。しかし、これらの道具を自分で作り、これらの問題をはじめて考えたユークリッド先生の原本なら、いくら冷静に証明を書いてあるようにみえても、そこにいささかの興奮は感じ取れるものである。

　これを冷静に述べた「定理」と「その証明」はほぼ下のとおりである。

 定理：三角形ABCの内角の和が180°である。

 証明：三角形ABCにおいて、頂点Cを通って直線ABに平行な直線CXを引くと、先の（錯角の）定理より、
　　　　∠ABC＝∠BCX
また、CXを逆方向に延長して、直線CYをとると、これも（公理によって）直線ABに平行だから、

第五章　幾何学を知らざるものは

　　∠BAC＝∠ACY
よって、
　　∠ABC＋∠BAC＋∠ACB＝∠BCX＋∠ACY
　　＋∠ACB＝180°　（図5‐2参照）

ときどき注意しているように、三角形ABCに何の注文もつけていないことにお気づきいただいたろうか。「三角形ABCの……」という一言で、無限個の無制限三角形を投げ飛ばしているのである。幾何学の証明が初学者にとってやっかいなのは、これが見えにくいことなのだろうと思う。

しかし、これこそが、後世の科学の方向性を定める一方で、「言葉や対象が違っても関係性さえ同じなら、世界中どこにあってもそれは同じだ」とする普遍性と、それに基づいた世界観をギリシャに芽生えさせたのであろう。このような思想があってはじめて、ギリシャを中心とする世界国家が出来上がり、そしてローマに史上初の成文法をもたらしたのだから、やはり「幾何学を知らざるものは……」なのであーるというのは表向きで、私は、ユークリッド先生はこの裏に、次のような感覚を隠していたようにも感じている。

仮に二角形を厚紙で切り抜いたとする。その一辺に当てた定規を固定し、三角形だけをズルズル引きずったと考える。要するに三角形を平行に移動したとする。こうしても、三角形の角度はまったく変わらないはずである。そうすると、どんな三角形ABCについても、その角Aや角Bを、角Cの周りに集めてくることが出来る。いったんこうして

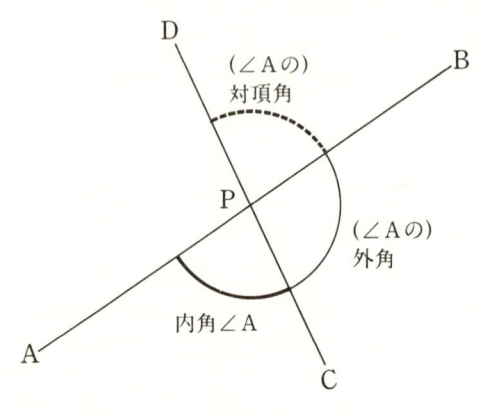

```
        D
         (∠Aの)
          対頂角           B


              P
                       (∠Aの)
                         外角



    A          内角∠A
                       C
```

図 5 - 3

集めておいてから、加えてみればどうだろう。実は、上の証明の前半は、このような考え方で導かれているように思う。そして後半になると、集めてみたら「オーヤ、どんな三角形でもペタンコ＝180°になっちゃった。スッゲエ」といったかどうかは知らないが、この定理のなかにそんな感覚が読みとれたとしても不思議ではない。

この感覚を、もっと明らかに読みとるには、必殺技・定理を一つ余計に付け加えて、上の証明を次のように変更しておく方がよいかもしれない、といいながら、下に二つの定理を並べてしまった。実は、同位角の定理は、先に掲げた錯角の定理と次の対頂角の定理から導かれるので、余分といえば余分なのだが、とにかく有名だから、削除するわけにはゆかなかったのである。

(対頂角の) 定理：直線ABと直線CDとが点Pで交われば、

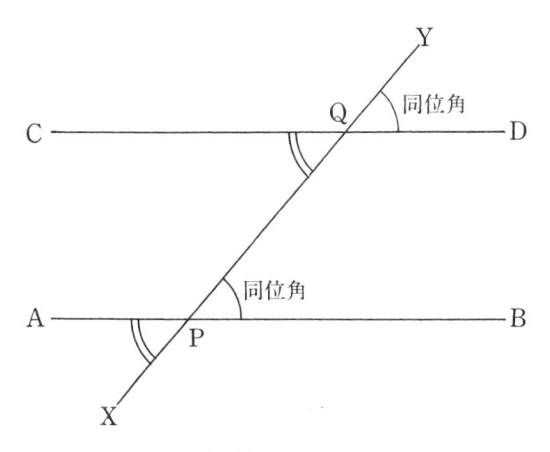

図 5 - 4

$\angle APC = \angle BPD$

である（図5‐3）。

(同位角の) 定理：平行な直線ABと直線CDに、直線XYが点Pと点Qで交わるとき、

$\angle BPY = \angle DQY$

である（図5‐4）。

これらの必殺技を使うと、ちょっぴり長いが感覚を優先した証明が出来る。

三角形ABCにおいて、頂点Cを通って直線ABに平行な直線YCXを引く。また、直線AC、BCを延長して、直線CA′、CB′をとると（図5‐5参照）、

(同位角の) 定理より、

$\angle CAB = \angle A'CX$, $\angle CBA = \angle B'CY$

また、（対頂角の）定理から、

図 5 - 5

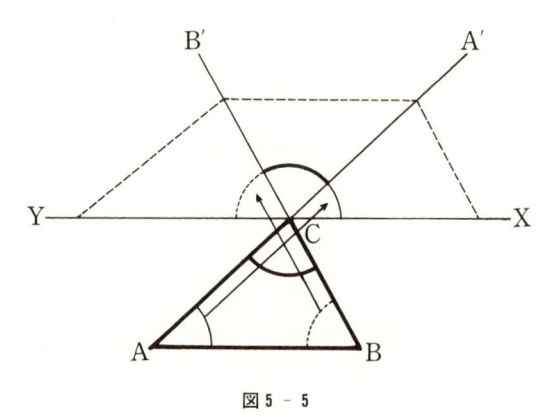

∠ACB＝∠A'CB'

よって、

∠CAB＋∠CBA＋∠ACB
＝∠A'CX＋∠B'CY＋∠A'CB'
＝180°

　この証明をごらんいただいて、ユークリッド先生ならずとも、三角形をズルズル引きずったという感覚、そして「不思議！　ぴったり、はまっちゃった」という興奮をお感じいただけないだろうか。(なお、図5‐5をごらんになって、もとの三角形と同じものが3個できているのにお気づきの方があるかもしれない。それこそが、ズルズル引きずった、あるいはひっくり返した……というユークリッド幾何の基本感覚である。)

　こうして、ユークリッド先生と興奮を共にしていただけたとすると、「じゃ外角ならどうだろう……やはり、これもズルズル引きずって、角Cの周りにもってくればいいん

第五章　幾何学を知らざるものは

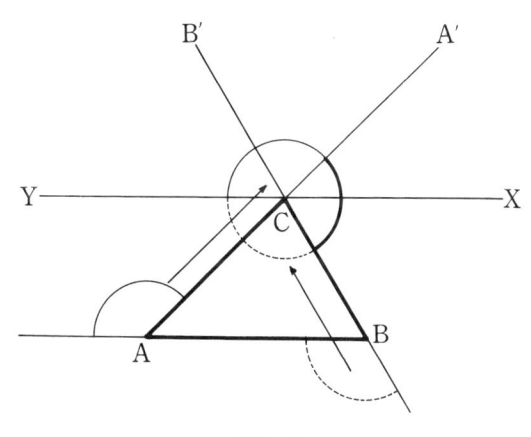

図5-6

じゃない？　やってみると、スッゴイ、一回りになっちゃった。だから、こいつは360°だぜ」いう感覚が、

定理：三角形ABCについて、その各角の外角の和は360°である。

になるのではないだろうか。

この成功を多少やっかんだ（？）友達から、「それホントかい。どんな三角形についても例外なしに成り立つの？」と冷やかされたときの「冷静な」答えなら

証明1：外角は、180°−内角であるから、

　外角A＋外角B＋外角C
　　＝（180°−内角A）＋（180°−内角B）
　　　＋（180°−内角C）
　　＝3×180°−180°＝360°

になったのかもしれない。

もちろん、ホントの感覚は、

証明2：先ほどの定理と同じように、平行線YCXを引く。ACを延長してACA′、BCを延長してBCB′とすると、

　　外角A＝（ズルズルッと滑らせて）＝∠YCA′
　　外角B＝（ズルズルッと滑らせて）＝∠YCB
　　外角C＝∠A′CB

よって、（Cの周りを一回りしているから）

　　外角A＋外角B＋外角C＝360°　（図5‐6参照）

だったのだろうと思う。

これから千年くらいの後、レンズの設計にも名を残した大数学者ガウスも、同じことに気づいたらしい。そしてガウス‐ボンネの定理として知られる大定理を導き、微分位相幾何学の先駆けを作ってみせるのである。

「鶴亀算vs.方程式」のところでも述べたように、冷徹にみえる数学にも人間の感情、感覚が含まれている。ギリシャ人たちは、公理と論理を味方につけさえすれば、かぐや姫のように遠い月の世界へ帰ってしまおうとする無限と取っ組みあい、ある場合にはそれを組み敷くことが出来ることを発見し、それが次の世代を拓くにちがいないという確かな感覚をもっていたのではなかったろうか。

第七章で少し触れるつもりだし、先にもちょっと触れたが、こうして捉えた無限、そして関係性に基づく普遍性があってはじめて、人類は宇宙ロケットを打ち上げて月の世界まで到達することが出来たのである。

というのも、ニュートンは月の世界へ行ったことがないはずだから、月の世界の物理学を知っていたとは思えない。だが、ニュートンが地上で作った物理学の法則は、見事に

第五章　幾何学を知らざるものは

地球の外の世界、月の世界でも成り立ったのである。もちろん、月へ行ったことがないどころか、ギリシャを出たことがないはずのユークリッド先生が作った幾何学も、月の世界で成り立ったにちがいない。そのための「（ギリシャの地だろうとインドの地だろうと、月の上だろうと、そんなことには関係なく）すべての三角形の普遍性」だったのである。私はこれこそが、ギリシャが世界国家、そして近代科学の祖であり得た秘密だったのではないかと勘ぐっている。

　ユークリッド先生のすごさ II

　ユークリッド先生の第二のすごみは、味方につける公理と道具の選択を誤らなかったという点にある。日本軍の兵棋がそうだったように、いい加減なルールをおいてしまうと、それを使って導いた結論は、おおよそ実際とはかけ離れてしまう。そうすれば、せっかくのゲームも意味はない。しかし、正しいルールをおいたとすれば、そのとおりに軍艦を配置し、大砲を撃つことによって敵をやすやすと撃滅できる。だから、どうルールをおくかは、そのゲーム、幾何学はもちろん、大きくは文明の生死のカギを握っているともいえる。実際、ユークリッド先生の公理から導かれた結論は、（ほとんど）すべて正しかったことを文明の歴史が証明するのである。

　たとえば「三角形の面積＝底辺掛ける高さ割る２」も「台形の面積＝上底足す下底掛ける高さ割る２」も、すべて正しかったのである。それだからこそ、ユークリッドの幾何学を利用して、土地測量が行なわれて土地台帳が作

られ、その上に建物が建つことになる。

　もし、これが正しくなかったら、あっちでもこっちでも訴訟だらけになっていたのではないだろうか。さらには、ユークリッド先生を信頼して作られたレンズも焼き物も機械も、焦点が合わなかったり、水が漏れたり、壊れてばかり、故障ばかりだったにちがいない。

　しかし、これだけがユークリッド先生の公理の選び方がすごかった理由ではない。実はユークリッド先生は、その作図題のなかで「（目盛りのない）定規とコンパスなら使ってもよい」が、「それ以外、たとえば目盛り付き定規とか分度器などは使ってはならぬ」と厳命したのである。
「そんな、面倒くさい」と作図題の宿題をやりながら思ったのは昔のこと、後に天体力学を少しかじるに及んで、アレッ……とたまげてしまった。

　後出のニュートンによると、普通の天体は、楕円（円も含む）や放物線など、二次曲線として知られる曲線に沿って運動する。だから、それらがぶつかったり、日食・月食などのように、ある地点（というのも変だが）を通ったりする日時を知るには、二次曲線同士、あるいは二次曲線と平面・直線などの交点を求めることになる。

　これをアラビア流に式の計算で行なう方法が、高校数学の花「二次曲線の根の求め方・解の公式」なのだが、ユークリッド先生はこの方法が知られる前に、もちろんニュートンよりずっと前に、コンパスと定規を使いさえすれば、それが幾何学的に求められること（そして、それ以上の道具は必要ないこと）を示していたのである。

　ユークリッド先生は、あの時代に、自分の作ったルール

第五章　幾何学を知らざるものは

が天体力学にまで応用され、そこでその力が試されること、さらには、定規とコンパス以上の複雑さはまず必要がないこと（後にニュートンによって証明されること）を知っていて、それに自分のルールをピッタリ合わせたようにもみえるのである。

しかし、そのおかげで「角の三等分は定規とコンパスだけで可能かどうか」と、それから数百年のあいだ、数学者は頭をひねり続けることになったのだから、罪作りといえばいえないこともない。後になって明らかにされたように、角の三等分を行なうには、定規とコンパスの二次方程式ではなく三次方程式が必要で、これはユークリッド先生には（そして星の運動の計算にとっては）必要のない複雑な場合だったのだろう。

よく「数学は論理演算に終始する」、だから「論理を鍛えるために数学やその問題をやるべきだ」ないし「数学が出来る人は論理的で冷静である」という言い方がされる一方で、「あれは単なる論理だけだ」「単なる論理なんて空しい」といわれることもある。

しかし、それは、ある建物の基礎を見ずに「上モノ」だけを見ているためであるような気がしてならない。建物を建てるときに重要なのは、それがどのように利用されるか、そしてどのような評価が下されるかを正確に予想して、どのような基礎をおくべきかを考えること、それに基づいて設計図を書くことである。幾何学の場合でいえば、どのような公理をおくべきか、何を使ってよいとすべきか、という点であろう。ここさえしっかり押さえてしまえば、あとは大工さん、または論理演算が機械的にやってくれる。な

んといってもわが国の大工さん、また（コンピュータの）論理演算の腕は世界一なのだから……。

　最近の教室崩壊、教育崩壊などのある部分は、どうやら「計算や論理ばかり、記憶だけの学問のなかに、未来を見つけられない、空しい」から始まっているようである。しかし、ユークリッドの幾何学一つを取ってみても、その公理と道具の選択に当たってユークリッド先生は、どこにターゲットを絞り、何を目標にすべきかを考え抜いて、知らず知らずのうちに、自分自身のなかに、そして幾何学のなかに、人間の未来を取り込んでいたのである。だから「未来は公理とその選択のなかにある」ということも出来よう。これを思うとき、幾何学ひいては学問に対するこのような感覚は、わが国には輸入されなかった、根づかなかったのではないかと心配になることもある。

　すでに明治の昔、お雇い外国人ベルツが「日本人は、根っこをもってこようとしないで、花だけを輸入する」と揶揄したというが、それは、われわれが「上モノ」や「その上に飾る植木鉢」と基礎・設計図との重要さを取り違える傾向にあることを見抜いたからかもしれないとも思う今日このごろである。

　ユークリッド先生の弱点？

　最後に、さすがのユークリッド先生も「痛み分け」に持ち込まれたという例をご紹介して、ユークリッド賛歌を打ち止めにしよう。

　ユークリッド先生の弱点は、実は、先ほど引用した平行線公理のなかにあった。そういわれてみれば、この公理は、

第五章　幾何学を知らざるものは

ユークリッド先生がおいた他の公理からは少し外れてみえる。他の公理は、たとえば点とは位置のみありてというように、非常に基本的であり、それなしにはユークリッド幾何学は成り立たない、たしかに基礎中の基礎であることが見え見えである。しかし、この平行線の公理だけは、わざわざ公理として最初におかないでも、他の公理から証明できるようにもみえる。多くの数学者もそうだった。

だから「これは公理か定理か」「定理なら証明してみろ」問題が、数百年にわたって論じられたのである。もし定理として証明することが出来れば、それを公理としたユークリッド先生に一泡吹かせられると思った人がいたかもしれないし、さらには「平行線はホントに１本だけか」と、この公理の正当性すら疑った人もあった。もしホントに平行線が２本も３本も引けたら、ユークリッド先生は一泡どころか、一敗地にまみれることになる。しかし、事実は「平行線が２本、３本引ける幾何学もあった」のだからおそろしい。あわてて、これを「ユークリッド幾何において、平行線が２本、３本引ける」と読まないでいただきたいのだが、そういわれてみれば、たしかにそうなのである。

よく子供のやるクイズに、「地球上のある地点から、南に１キロ歩き、ついで東に１キロ、最後に北へ１キロ歩いた。こうして元に戻ることがあるか、あったとしたら、それはどのような地点か」というものがある。答えは、もちろん北極点なのだが、これをユークリッド先生流に考えていたのでは絶対に解けない。実際、出発点をO、南へ１キロ歩いた地点をA、そこから東へ１キロ行った地点をBとすると、Bから北へ歩くということは、点Bを通って直線

OAに平行な直線BXを引くことになる。ユークリッド先生によると、平行線OAとBXは絶対に交わらない。だから元へは戻ってこられないことになる。こう思わせておいて、「地球は丸いんですよーだ」と茶化すところが、このクイズのおもしろさなのだが、これは同時にユークリッド先生にキツーイ一発を食らわせるものでもあった。

「（北極のように）お前さんのいうとおりじゃない場所があったよーだ」「こうなりゃ、幾何学ゲームもあやしいもんだぜ」といった人がいたかいないかは知らないが、現実を記述していない部分、間違った部分があるとなると、「幾何学を知らざるものは……」とこれまで頑張ってきたご威光は発揮できないことになる。

もちろん、ユークリッド先生（とその弟子たち）も負けてはいなかった。「ユークリッド先生が作った幾何学は、画用紙のなかの世界をキチンと写し取り、記述するためのものだったのだ。だからその世界では、平行線はただ一つということは正しいことなのだ」。しかし「丸い地球というようなものを相手にする幾何学も必要だ」「それを画用紙の幾何学と区別するのが、平行線の公理だったのだ」、と議論を発展させていったのである。

こうして「平行線の公理は丸い幾何学と画用紙の四角い幾何学を区別して、新しい幾何学を作り上げるために必要だったのだ」という認識が生まれ、それを黙って最初から公理のなかに取り入れていたユークリッド先生の偉大さが再認識されたというわけである。ユークリッド先生の幾何学は、平行線の公理さえ取りかえれば、あとは全部、新しい幾何学に対しても上手くいくように作ってあったのであ

る。

　この新しい幾何学は、その後、非ユークリッド幾何として研究され、これまたニュートンの物理学を引き継いだアインシュタインの物理学を記述する非常に重要な道具ともなっていった。

　これを眺めて、「痛み分けどころか、むしろユークリッド先生の勝ちだぜ」とお考えになる向きがあったとしたら幸いである。「ニュートンvs.アインシュタイン」でもよく話題になるとおり、学問というものはそういうものではないのだろうか。

　やはり学問も一種の生命体であって、現在はいうに及ばず、できるだけ未来を取り込んで、長く生き残れるように自分自身を設計しているもののように思う。だから、ある分野がそう見えるようにカチンカチンの知識の鎧をまとって過去に閉じこもるということは、無機的に「ただ生きている」ということだけを目標とする場合ならいざしらず、ホントの生命を長く保つという観点からは、いざという場合を感じ取る「感覚」や、変革への「しなやかさ」を大事にすることの方が、結局は勝ち残りにとって有利に働く……ような気がしてならないのである。

ギリシャ流の二次方程式の解法

　この辺で、二次方程式の解き方の変遷を探って、そのなかに数学の思想の流れを見てみよう。
　まずコンパスと定規のギリシャである。
与えられた二次方程式を、
　　$x^2 - 2ax - b^2 = 0$

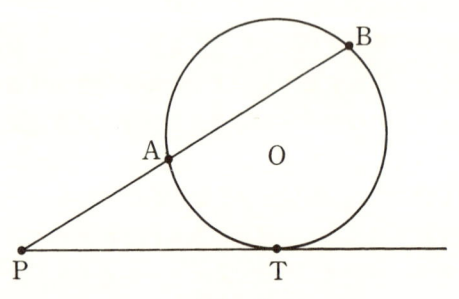

図5-7

としよう。この二次方程式を解くときに使う必殺技は、

定理：円Oの外部の点Pから円Oの接線PTと、割線PABを引くと

$$PT^2 = PA \cdot PB$$

が成り立つ

である（図5-7）。これを知ってしまえば、もとの方程式

$$x^2 - 2ax - b^2 = 0$$

を、次のように書き換えてゆけばよいことがわかる。

$$x^2 - 2ax = b^2$$

$$x(x - 2a) = b^2$$

実際、まず半径aの円Oを画いておいて、それに接線を引いて、その上に

$$PT = b$$

となるように点Tをとり、円の中心Oと結んで割線PAOBを作れば、PBの長さxは、

$$x(x - 2a) = b^2$$

を満たす。よって、この二次方程式は定規とコンパスによ

第五章　幾何学を知らざるものは

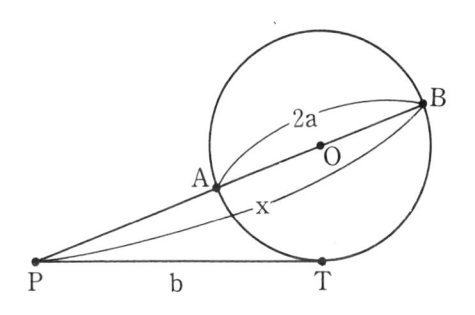

図 5 - 8

る作図で解けた、ということになる（図5-8）。

　これはこれで見事なのだが、この方法で二次方程式を解くには結構なカンと才能が必要になる。実際、この解法をご覧になって、これは偶然に上手く解けただけではないか、与えられた二次方程式の係数の正負が別の形だったらどうなるだろうとお疑いの向きもあったかもしれない。幾何学の作図では原則として正の数値しか表示できないので、与えられた方程式の係数の正負によって作図の方法を変更しなければならないのである。

　だから、ギリシャ流の二次方程式の解の作図法は、係数の正負によって、3種類か4種類に分けられている。すなわち、ギリシャ流では方程式という相手によって、利用する定理・必殺技を取りかえる必要があり、どんな方程式の場合に、どんな定理・必殺技を使うかを、キチンと判断できる能力をもった有段者でないと、二次方程式は解けないのである。おまけに、接線を引いたり、延ばしたり、測ったりを精度よく実行するには、かなりの年季が必要になる。

アラビア流の解法

 ギリシャにおいてはこれでよかったのだが、先にも書いたように、(怪しげな？)帆船に乗り込んで、あるいは隊商を組んで砂漠を旅しながら天体観測を行ない、二次方程式を解くことによって自分の位置を知らなければならなかったアラビア人ともなると、高い給料を出して有段者を雇ってきて、いちいち定規とコンパスで図を書いているわけにいかなかったらしい。

 連立一次方程式をめぐって、安寿と厨子王ないし「鶴亀算vs.方程式」のところでも述べたように、彼らはもっと手堅く、そして手軽に一次・二次方程式を解きたかったのである。そこでアラビアを代表する数学者アル・ファリズミ (al-Khwarizmi、この人の名をとってアルゴリズムという用語が出来た)は、一次方程式の場合と同じく計算だけによる方法を発見したという。これなら訓練さえ積めば、誰にでも紙と鉛筆だけで答えが出せるうえに、精度もよい……と、まったく理想的で近代的というわけだったのである。それが、現在なお中学・高校でいやというほど訓練される二次方程式の解法にほかならない。

 中学・高校では上の二次方程式は、平方完成という方法で解くことを習う。

$$x^2 - 2ax = b^2$$

を変形して、平方式にする。つまり平方完成する。

$$x^2 - 2ax + a^2 = b^2 + a^2$$

$$(x-a)^2 = b^2 + a^2$$

そして、ルートをつけて a を移項すれば、出来上がり。

第五章　幾何学を知らざるものは

$$x = a \pm \sqrt{b^2 + a^2}$$

というわけである。いちいち必殺技を考えて、図を書いて……というギリシャ流にくらべ、これがどれだけ簡単かはいうまでもないことである。

近代数学の始まり

そろそろこの辺で、記号の乱舞に飽き飽きして「二次方程式の解法の魔人をお供に連れた船乗りシンドバッドは、遠いインドのお姫様を悪魔の手から助け出して、二人は末永く幸せに暮らしましたとさ。ツョーイ二次方程式の魔人のお話はこれでおしまい」というハッピーエンドを期待されるかもしれない。ところが、二次方程式の歴史はこれで終わるわけではない。それどころか、ある集合の内部が敵と味方に分かれて争うという、名付けて「あみだ籤(くじ)の数学」またの名「ガロア理論」なる近代数学の幕が切って落とされたのだから、世の中わからない。この戦争には「スパイ」と「合い言葉」が登場するところが近代らしいところである。

ある場合には映画の007よりおもしろいこの近代数学を、中学・高校でまったく習わないかというと、そうではない。わが国のたいていの中・高生は、少なくともその入り口だけはキッチリたたき込まれている。わが国の数学教育のレベルは素晴らしいのである。ただ中・高生たちは、それがどこにどうつながるのかという「必須(ひっす)ビタミン」のような「学ぶ目的」と一緒に与えられることが少ないために、気づかないか、忘れてしまうことが多いだけなのかもしれないのである。

さて、中・高生がもっている代数学の教科書、または参考書には必ず「根と係数の関係」という名前がついた単元がある。

根と係数の関係というのは、二次方程式
$$x^2 - 2ax + b = 0$$
の二つの根α、βは
$$\alpha + \beta = 2a, \ \alpha \cdot \beta = b$$
を満たすという「定理」である。これだけではつまらないので、「次のα、βの式をa、bで表わせ」とお定まりの練習問題が並んでいる。
$$\alpha^2 + \beta^2, \ \alpha^2 + \beta^2 - 2\alpha\beta, \ \alpha^3 + \beta^3, \ \cdots\cdots$$
多分、教科書のこの単元は、ここで終わりになるだろうが、近代数学はここから始まる。

そのために、αやβの多項式全体を考える……などというと怖そうだが、数字やα、βはもちろんのこと、それを足したり、引いたり、掛け合わせたりしたものを全部考えて「集合」という袋に入れるということに過ぎない。だから、この袋のなかにはさっきの
$$\alpha^2 + \beta^2, \ \alpha^2 + \beta^2 - 2\alpha\beta, \ \alpha^3 + \beta^3, \ \cdots\cdots$$
をはじめとして、種々雑多なモノが入っている。たとえば
$$\alpha^3 + \beta^2 + \alpha + 3 \ \text{とか} \ \alpha^3 + \beta, \ \cdots\cdots$$
などなどである。この多項式全体という袋のなかを敵・味方に分けようというのが、「根と係数の関係」を習う目的だったのだと思う。最大の敵は、もちろん捕まえたい相手αとβであり、最初の味方は、与えられた二次方程式についてくる係数のaとb、これをαとβに翻訳したものが「根と係数の関係」というわけである。すなわち、最初の

味方は、$2a = \alpha + \beta$ と $b = \alpha \cdot \beta$。そしてなんだか味気なかったさっきの問題は、「これから出発して、味方をどこまで拡大できるか」ということだったのだとみれば、多少おもしろくなる。

問題に出ていた
$\alpha^2 + \beta^2$、$\alpha^2 + \beta^2 - 2\alpha\beta$、$\alpha^3 + \beta^3$、……
たちは味方だったのである。

一方、α、β自身とか、$2a = \alpha + \beta$ と $b = \alpha \cdot \beta$だけではうまく書き表わせない
$\alpha^3 + \beta^2 + \alpha + 3$ とか $\alpha^3 + \beta$、……
などは敵である。

こう考えると、二次方程式の解法は、多項式という袋、土俵のなかで「味方を与えられて、敵を捕まえる」という戦争ゲーム、鬼ごっこにつながる。

この戦争ゲームに勝つ第一の秘訣は、敵・味方の区別をはっきりつけるということである。そのために「合い言葉」作戦を使う。先ほどの味方拡大問題でお気づきいただいているとおり、味方になるモノはαとβが等分に入っている、言い換えれば、αとβを入れ替えても変わらない。しかし、敵は決してそうではない。

すると、「αとβの入れ替え！」という「合い言葉」に、「変わりませーん」と答えるのが味方で、「変わっちゃった」というのが敵だということになる。この「合い言葉」は、αとβから出発する２本の「あみだ籤」から作られる。これが「あみだ籤の数学」（ホントは置換群の理論）の名前の起こりである。

さて、わざわざ敵・味方を分けたのは、二次方程式を近

代的に解く第二の秘訣、スパイを見つけるためである。ホントは、ここでたっぷりスリルとサスペンスとが味わえるのだが、現代風に答えだけをいってしまうと、スパイは$(α-β)$である。というのは、これに合い言葉「入れ替え！」を叫ぶと、

　　$α-β$
　　↓　↓　　合い言葉「入れ替え！」
　　$β-α$

となるから、$(α-β)$はもとには戻らないで、$(β-α)$になってしまう。しかし、だから敵だと切り捨ててしまうには、ちょっと惜しい。というのも、符号だけしか変わっていないからである。

　　$(β-α)=-(α-β)$

すると、これを二乗したものは符号が変わらない。味方である。

　　$(β-α)^2=(α-β)^2$

したがって、それ自身は敵だが、二乗したモノは味方になる。だから、こいつをスパイに使えば敵が捕まる……と考えて、それを次のように実行した数学者がいた。

$$(α-β)^2=α^2+β^2-2αβ$$
$$=(α+β)^2-4αβ=4a^2-4b$$

が、それだったのである。

こうしてスパイ$(α-β)$の二乗が捕まると、スパイそれ自身もルートで捕まる。

$$(α-β)=±\sqrt{4a^2-4b}$$
$$=±2\sqrt{a^2-b}$$

あとは簡単、安寿と厨子王である。すなわち、最初の味

第五章　幾何学を知らざるものは

方だった$\alpha+\beta$を使うと、
$$2\alpha = (\alpha+\beta) + (\alpha-\beta)$$
$$= 2a \pm 2\sqrt{a^2-b}$$
$$2\beta = (\alpha+\beta) - (\alpha-\beta)$$
$$= 2a \mp 2\sqrt{a^2-b}$$
すなわち、
$$\alpha、\beta = a \pm \sqrt{a^2-b}$$

　これが、近代的に導いた二次方程式の根の公式である。

　おもしろいけど、なんだかややこしいとお感じになったかもしれないが、これこそは近代代数学を拓いたガロア理論の入り口である。

　実際、ヒマラヤ登山と同じで、二次方程式が解けたら次は三次、そして四次、……と次々に征服してゆきたいのが人間というモノである。だが、定規とコンパスしか使わないギリシャでは、三次以上は解けるはずもなかったし、アラビアの平方完成という方法は、二次に特有のモノである。三次、四次はラテン世界が上手い解法を見つけはしたが、あくまでカン（と偶然?!）によるものだった。

　そこで、このような解法を筋道立てる一方で、「五次以上の方程式の解法を見つけよ」という問題が、ヒマラヤの最高峰と同じ高さをもって当時の数学者の前に立ちはだかったのである。

　このような状況に立ち向かうために、やはり近代のスパイ大作戦が必要だった。これを駆使して、先ほどの問題に「五次以上は解の公式がない。スパイが作れない」を導いたのがガロア、そしてアーベルという二人の若くして死んだ大数学者だった。彼らは若くして死にはしたが、その数

学的生命は、なお現代に息づいている。

　また、彼らの理論のうちのあるものは、当時は思いもよらなかったような暗号の基礎理論として見直されるようになった。実際、26本の「あみだ籤」を考えて、その上の方からアルファベットを入れれば、下から置き換えが出てくる。これを使って文章を綴ると、「あみだ籤」暗号が出来る。問題はどうやってこの「あみだ籤」を、こっそり、しかも簡単に記憶するかである。

　というわけで、また新しい概念や理論が生まれ、発展してゆく。せっかく、このような発展の入り口に立ちながら、大学受験だけに気を取られ、入試問題しか取り扱わない問題集に誤魔化されて、みすみす見逃してしまうというのも口惜しいことではないだろうか。

第六章　おもしろい幾何学

図表を用いた足し算・掛け算

　なんだか難しい話が続いて「この先、読んでやらなーい」といわれても困るので、子供向きの手品をもう一つ二つご披露しよう。先に書いた二進法や（アナログ）レコードの手品より、こちらの方がやさしいうえに、受ける可能性もかなり高い、実はいちばんのおすすめ版である。グラフ用紙が用意できればよいが、それがなくても、手帳などの罫を利用することも出来る。

　図 6 - 1 のような図表が種なのだが、たいていは、種を作り込むところから見せる方が印象的である。用意した紙に、同じ距離だけ離して縦に 3 本の平行線を引く。離す距離や長さには、そんなに神経質になる必要はないが、両端の線には下から上へ 0 から10くらいまで、中央の線にはその 2 倍の目盛りをつける。だから、これらの平行線はあまり距離を詰めたり、短くしたりしない方がよい。

　こうしておいてから相手に10までの二つの数をいってもらい、それを両端の直線の上に取る。そこで魔術師は、1 本の糸または定規を取り出し（とにかく直線が引ければいいので、ハンカチか紙を折って作ってもよい）、魔法を掛ける

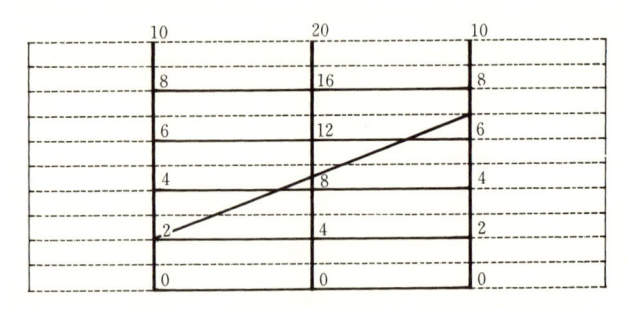

```
      10              20              10
┌──────┬──────┬──────┬──────┬──────┐
│   8  │      │  16  │      │   8  │
│   6  │      │  12  │      │   6  │
│   4  │      │   8  │      │   4  │
│   2  │      │   4  │      │   2  │
│   0  │      │   0  │      │   0  │
```

図 6 - 1

……必要はないが、両端の直線上にとっておいた数を魔法の糸で結ぶと、それらの和が中央の直線の上に現われる。

図 6 - 1 に示したのは、相手がいった数が 2 と 7 の場合である。糸が中央の直線と交わる位置は、ちょうど 9 = 2 + 7 になっている。これがどんな数についても正しいことは、ユークリッド先生が保証してくれているから、安心して、何回でも繰り返せる。失敗するとすれば、平行線が正しく等間隔になっていなかったか、目盛りをつけ損ねたか、読み違えたくらいのことである。

相手が子供の場合、この手品はアナログ感覚の教育にも使える。よく「最近の子供は、小数が出来ない。0.5と2.5が足せない」などという話を聞くが、0.5と2.5を図 6 - 1 の上に取らせてしまえば、それらの和が 3 になることはやすやすと実感させられる。多分、数字の上だけで、あくまでデジタルなものとして小数を習い、その足し算・掛け算の規則を単に暗記させられるものだから、0.5や2.5が実感できなくなってしまうのであろう。

さらに、100までの数、たとえば20と70を足したいが

第六章　おもしろい幾何学

……などと謎を掛けると、たいていの子供は目盛りを変更することを思いつく。こうして、10までの目盛りが100までになったり、5あるいは50までになること、すなわち小数点を移動させることを納得させてしまえば、あとはこっちのもの、目盛りの取り方一つで、0.5と5、そして2.5と25が同じ感覚で取り扱えるようになる。この辺で（ここが重要なのだが）、ころ合いを見計らって「小数点をそろえて、足し算すればいいよ」といえば、ほとんどは「ああ、わかった」になるはずである。もっとうまくやるつもりなら、マイナスの数に対するアナログ感覚も養える。

というわけで、もし「小数の計算も出来ないような、学力低下学生！」と叫びたいのなら、大がかりなテストにお金や人手をかけ、形式的な分析や議論に時間や頭を使う前に、まずこのようなところを地道に、しかし本格的に分析してゆくのが本筋ではないかと思っている。

この手品には続きがある。ただ、今度はホントに魔法の数を使わなければならないので、気楽にやれるとはいかないかもしれない。それをやれる人は、数学的センスが非常にしっかりしている人にちがいない。

魔法の数は、

1が0、　　　2が3.0、　　3が4.8、　　4が6.0、
5が7.0、　　6が7.8、　　7が8.5、　　8が9.0、
9が9.6、　　10が10

である。この表についてはあとに述べることにして、だまされたと思って、これまで0と目盛ったところに1、3と目盛ったところに2、4.8のところに3、……と目盛っていただきたい（図6-2）。

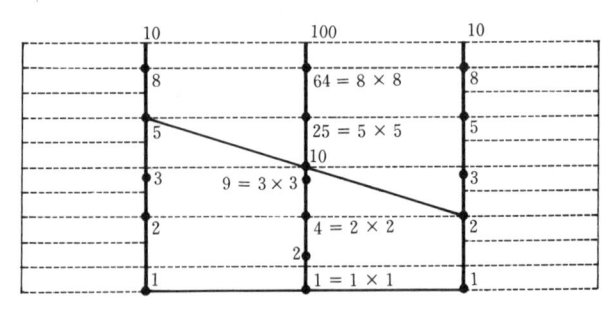

```
        10              100              10
         8        64 = 8 × 8             8
         5        25 = 5 × 5             5
                       10
         3         9 = 3 × 3             3
         2         4 = 2 × 2             2
                       2
         1         1 = 1 × 1             1
```

図 6 - 2

　中央の直線には、両端の直線の目盛りの二乗を目盛ってもよいし、先の足し算の図の中央線の目盛りを利用して、3のところに2、4.8のところに3……としてもかまわない。そして10までの二つの数をいってもらい、先ほどと同じように、それを両端の直線の上にとって、魔法の糸で結ぶ。これが中央の直線と交わる点の目盛りを読めば、あら不思議、（だいたいではあるが）相手のいった数を掛け合わせたものになっている。図6 - 2は、5 × 2 = 10の場合である。

　たいていの子供は、この辺で目が点になって種明かしをせがむ。それを多少焦らせながら、（目盛りを変え、単位を変えて）チャッカリと小数点の掛け算のやり方を会得させるわけなのだが、その間にホントに種明かしをするべきかどうかを考えておく。

　お堅い言葉では「計算図表」と呼ばれるこれらの手品の種は、ユークリッドのギリシャ世界から借りてきたものであったり、難しい計算に手を焼いたヨーロッパの計算屋が発明したものであったりするので、いったん種明かしをし

第六章 おもしろい幾何学

手品の種明かし——対数

まず足し算の魔術の種明かしだが、これはユークリッド先生のギリシャ幾何学のなかにある。

ここに写したのは、先ほどの 2 + 7 ＝ 9 の計算の図（図 6 - 3）である。台形ABDCがそれになっている。いま、これを手帳またはグラフ用紙から切り抜いたと考えて（もちろんホントに切り抜いていただいてもよい）、それをひっくり返して上に重ねる。図では台形HDBGがそれに当たる。すると、四辺形ACHGが長方形になって、辺AGの長さも、辺CHの長さも、2 + 7 になっていることは一目瞭然（といったら、意味がわからなくてキョトンとしていた学生がいたが、要するに合同とか何とかうるさいことをいわないでも「一目見りゃわかるだろ」という意味）。

ここで、中央の直線がちょうど真ん中に引いてあったということが効いてくる。直線EFは糸が作る直線BDで、ち

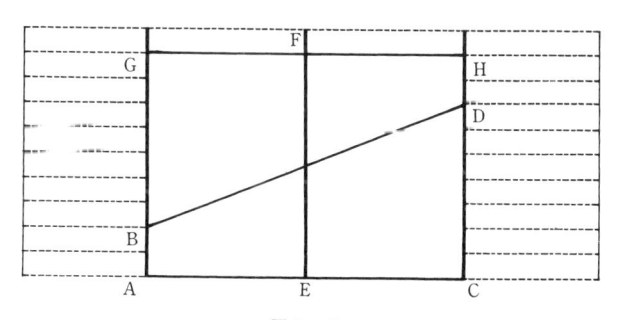

図 6 - 3

129

ょうど真っ二つにされている。というわけで、その長さは、2＋7の半分。そこで、今度は中央の直線の目盛りを2倍につけていたことが効いて、目盛りを読むと2＋7、これでメデタシ、メデタシということになる。

次に掛け算の手品だが、これには「掛け算が足し算で行なえる」という魔法が含まれている。「足し算と同じ仕掛けの図表を使った」というところが象徴的で、魔法の数で目盛りを付け替えさえすれば、足し算の図表が、たちどころに掛け算の図表に変身するのである。この魔法のことを、数学では「対数計算」と呼ぶので、あるいはご存じの方も多いのではないだろうか。そのことは、魔法の数の表をよーく眺めていただくとわかってしまう。

たとえば、「2が3.0」、「4が6.0」、そして「3が4.8」、「6が7.8」に注目してみる。もちろん2と2を掛けると4、また2と3を掛けると6である。このあたりを表にしてみると、かなり明瞭になる。

```
     2    →    3.0
 ×)  2    →    3.0 (＋
 ─────────────────────
     4    →    6.0


     2    →    3.0
 ×)  3    →    4.8 (＋
 ─────────────────────
     6    →    7.8
```

これに気をよくして、いろいろ試してみるとおもしろいですよというのが「読者への挑戦」である。残念ながら、現代ではこれがやれたところで大金が転がり込むというわけではないが、その昔の計算が苦手とされたヨーロッパに

第六章 おもしろい幾何学

あって「計算屋さん」たちは、この門外不出の秘密の数表によって、かなり儲けていたという話である。

当時は門外不出だったこれらの数字を、計算屋さんたちがどうやって作っていたかは現代では明らかになっている。

続「読者への挑戦」の前に、たとえば「3が4.8」をどう作るかを見てみよう。そのために「2が3.0」と「10が10」だけはわかっているものとする。

まず「80の行く先」「80→｛？｝」を考える。80は8×10だから、8の行く先を考えればよいことになる。これは2×4と見てもよいし、2×2×2と考えてもよい。すると、

```
      2    →    3.0
   ×) 4    →    6.0 (+
      8    →    9.0


      8    →    9.0
   ×) 10   →   10.0 (+
      80   →   19.0
```

さて、ここが一番のキーポイントなのだが、$9 \times 9 = 81$ を思い出し、「81と80なんてそんなに差がないや」と考える。9は3×3なので、$3 \times 3 \times 3 \times 3 = 81$。となると、

```
      3    →    ｛？｝
      3    →    ｛？｝
      3    →    ｛？｝
   ×) 3    →    ｛？｝(+
      81   →   4×｛？｝
      ↓
     約80  →    19.0
```

131

したがって、3の相手である{?}は、だいたい19を4で割ればよいことになる。これは、

　$19.0 \div 4 = 4.75$

だから小数第2位を四捨五入すれば、見事4.8になる。本当は4.77……いくつかなのだが、まあこれでいいことにしよう。

　そこで続「読者への挑戦」ということになるのだが、「では10の行く先が10であることだけを知って、2の行く先が3.0である理由を発見してほしい」くらいだとどうだろう？　ヒントは麻雀狂なら一度は夢見た（禁止している規則もあるが）「十翻＝2を10回掛けたもの」である。

　念のために付け加えると、数学を習うときには「2の行く先」などとは決していわない。「2の常用対数（正しくはそれを10倍したもの）」といって「$\log 2$」と書くのが普通である（この場合、0.30を10倍して3.0となる）。この表はたいていの教科書の付録についてくるし、関数電卓でも、「2」を入力して「log」キーをたたけばすぐに出てくる。しかし、コンピュータはおろか関数電卓までもが瞬く間に掛け算をやってくれる現代では、対数表は、私の時代ほどには大事にされていないようである。

　だが、対数を用いて掛け算を足し算に直すという手法は、計算が苦手な人が多かったヨーロッパのみならず、わが国でも、戦前戦後のある時期までは、無数の掛け算を繰り返すレンズの設計や、その場で掛け算の答えが必要な建築、機械の現場では、スッゴク重宝がられたのである。これを応用した携帯用の掛け算機械は「計算尺」と呼ばれ、頭脳労働のシンボルでもあった。もちろん、その時代のわれわ

第六章　おもしろい幾何学

れのあこがれの的だったのである。

　ということで、コンピュータ・電卓以後のわが国では、計算尺、計算図表はおろか対数計算も、単に「明治の遺物」ないし「入試用のお荷物」として軽く取り扱われているようである。たしかに数学も、そして教科書も、時につれてうつろうべきものではあろう。だが、その根っこをしっかり捉えていたヨーロッパ諸国やイギリスでは、この対数（圧縮）を用いて、音声・音楽をハイファイで録音し、伝送することに成功したのである。このやり方はdbX（ドルビー方式）と呼ばれているので、あるいはオーディオマニアならご存じかもしれない。

アナログ感覚を養う

　さて、図表を用いて行なう掛け算が対数計算ばかりとは限らない。子供のころよく遊んだ「影踏み」の応用としても掛け算は可能である。現代ならスライド・プロジェクターか少し強力な懐中電灯など、点光源と見なせるものがいくらでもあるから、それを使って襖などに指の影などを写して遊んでいただくとよい。この際、拡大倍率は指と光源との距離に反比例していて、いろいろに変えることが出来る。たとえば倍率が3倍だとすると、指の間隔が10センチなら、襖に写る影の長さは10×3、間隔5センチなら5×3。というわけで、この距離を固定して襖の影の長さを測れば、3倍の掛け算が出来る。もちろん、距離をいろいろに変えると、いろいろな掛け算が出来ることになる。これを図にしたものが図6－4である。

　図6－4は2×4＝8の場合であるが、縦矢印2が示す

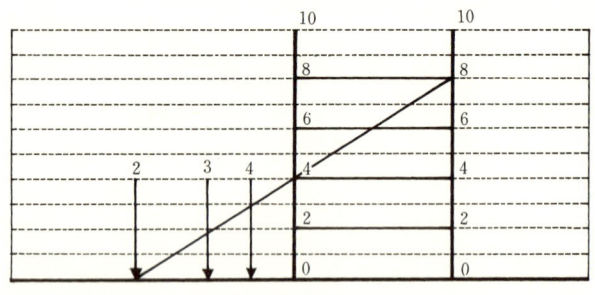

図 6 - 4

位置が「光源」、それが縦の直線と最初に交わる位置 4 が「指」を、さらにそのうしろにある縦の直線が「襖」を象徴している。倍率 2 を得るためには、「光源から指」までの距離と、「指から襖」までの距離が等しい、すなわち 1：1 であればよいし、倍率 3 を得るためには、「光源から指」までと、「指から襖」までの距離の比が 1：2 であればよい。

　要するに、掛け算は相似拡大であると気づいてしまえば、図 6 - 4 を変形して、少し格好よくすることも出来る。次の図 6 - 5 では、右と左の線の目盛りは等間隔ではあるが、上下が逆になっていることにご注意いただきたい。斜めになった線 AB には、それを 1：1 に分ける点に 1 倍の 1 を目盛り、1：2 に分ける点で 2 倍の 2 の目盛り、1：3 に分ける点で 3 倍の 3 の目盛り、……と続けてゆく。

　子供が相手なら、ややこしい理屈をこねて計算するよりも、たとえば両端の直線に 3 と 3 を取って糸で結び、それが斜線と交わる位置を 1、両端に 3 と 6 を取れば 2……という具合に順に目盛っていく方が早い。ただこの際、計算

第六章 おもしろい幾何学

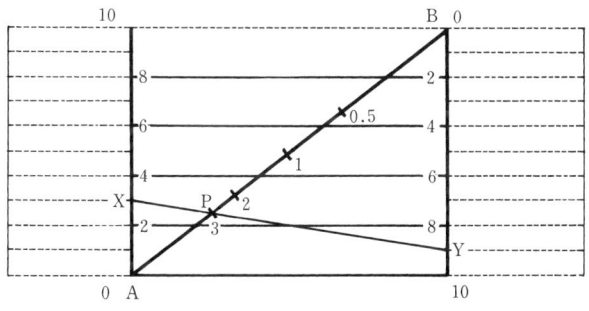

図6-5

が簡単だからと、片方を1に取ってしまうのは感心しない。三角形がペタンコになって、誤差が大きくなってしまうからである。

図6-5は3×3＝9の場合だが、AP：PBが1：3だから、左と右に（ひっくり返ってはいるが）同じ形で大きさが1：3の三角形AXPとBYPができているのにお気づきいただけないだろうか。これが、3倍にするには長さAPと長さBPの比が1：3になるようにPを取ればよい理由だったのである。

ふたたびデジタルとアナログ

「昔は役に立ったにせよ、計算図表なんて電卓の今ではどうかね」という疑問に、「電卓によるデジタルな感覚は子供には危険、やはりアナログも大切」と一度は答えておいたが、時計を思い浮かべていただければわかるように、見やすさの点においては、デジタルはアナログにかなわない。そこで体重計の横なり、健康手帳なりに貼り付けておいて、やはり見やすいなあ……とアナログを実感していただくた

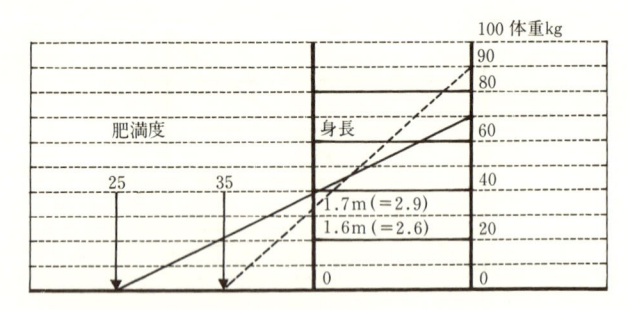

図 6 - 6

めに、肥満度の計算図表を設計しておこう。

肥満度は、体重を身長の二乗で割り算する。すなわち体重÷身長÷身長によって計算される。掛け算の計算図表を逆に使えば割り算が出来ることは確かだから、これを二度使えばよろしいなどというのは早とちりで、間違いではないが、風呂上がりにそんなことをしていると風邪を引いてしまう。

そこで、目盛りをちょいと歪めて目盛ることにする。

どれでもよいから掛け算が出来る計算図表を作り、その2.9の位置に身長1.7mと目盛り、2.6の位置に身長1.6mと目盛り、……と続けてゆくのである。この種は、おわかりのとおり

$1.7 \times 1.7 = 2.89 ≒ 2.9$

$1.6 \times 1.6 = 2.56 ≒ 2.6$

………

である。要するに目盛りを誤魔化して（数学的にいえば変換を行なって）、1.7といいながら、2.9で割り算し、1.6といいながら2.6で割り算し、……という具合に、その二乗

で割り算してやるところがミソである。だから肥満度が一気に計算できることになるという仕掛けである。

図6‐6は「影踏み遊び」型の計算図表（図6‐4参照）をモジって作ったものであるが、体重約70kg、身長約1.7mなら、肥満度は25程度である。この値が25以上だと肥満だというから、まずは安全ゾーンぎりぎりにあることを示している。身長が1.6mで体重が90kgなら肥満度は35程度だから、減量が必要になる。

このような図表を一度子供に作らせておくと、電卓全盛の今日でも、幾何学は、そして数学は、結構楽しくて便利なことがわかってもらえるのではないだろうか。やはり人間というモノは、ガリガリした正確なだけの数字より、一目見てすべてを把握できるアナログを好むもののようなのである。

第七章　ニュートンは
　　　　　何を考えていたのか

ニュートンさんとニュルトン氏

　多少筆がすべる気味のある私は、ある学会誌にニュートンさんがエレベーターやフリーフォール（空中下降ゲーム）に乗ってとか、ギリシャから譲り受けた有理数を使って間違って、などと書いて、ある方から「ニュートンの時代にフリーフォールがあるはずはない。第一、ニュートンが間違えるはずはない」などなどのキツーイ文句を食らったことがある。

　もちろん、ニュートンさんがフリーフォールに乗ったなどは言葉の「あや」で、ホントはガリレオなどによって積み重ねられた自由落下の実験結果や、ブラーエの天体観測のデータを仔細に研究して、現代でいえば、フリーフォールに乗ったのと同じ感覚を得ていたとか、またニュートンさんは、ゼノンの悪魔に魅入られたために、運動をうまく扱えなくなっていたギリシャ哲学のなかに運動を定式化しようとして、結局は迷い道に入ってしまったとか、ということをいうのが正しいのだろうが、お堅いばかり、正しいばかりが学問ではない。とくに「なぜ学問か」などという根源的な問いには、動脈硬化はいちばんの難物である。

とはいうものの、またぞろ、そういうことが起こっても困るので、(人間的には多少評判が悪かったともいう)ニュートンさんのかわりに、あえて昔なじみのニュルトン氏にご登場いただくことにした。

というわけで本章は、他章とはちょっと違って、二番煎じの探偵物語になってしまった部分がないではない。

数理名探偵ニュルトン氏

ニュルトン氏は数理名探偵である。ホンモノのニュートンさんも財務省のお役人で、数を扱うのはお手のものだったというから、多少は重なっている。ニュートンさんは、ニュートン式反射望遠鏡を発明したり、ニュートンリングを見つけたり、本書でも触れたレンズの設計や計算にも長じていた。

さて、ニュルトン氏はある筋の依頼を受けて、エレベーター事件を探っていた。エレベーター事件と、その依頼とはおおよそ次のようなものである。

エレベーターに乗っていると、動き始めたときに、ギュッと上から押されるような感じがする一方で、止まるときにはフワッと浮いたような感じになる。それ以外は、ほとんど動きを感じない。ここまでがエレベーター事件で、「何だか不思議な、こんな感覚を引き起こす犯人は誰だろう」というのがその依頼である。

そこへ、もう一つの依頼がやってきた。これがフリーフォール事件である。これも似たような話で、「フリーフォールに乗ったギャル達を見ていると、最初から最後までキャーキャーキャーの連続である。どうやらギャル達は、最

第七章　ニュートンは何を考えていたのか

初から最後まで犯人から同じ刺激、それもスッゴイ刺激を受け続けているらしい。この犯人は誰だろう」というのが依頼の内容である。

　探偵は足で稼がなければならない。そこでニュルトン氏は、問題のエレベーターやフリーフォールに乗って詳細な（？）データを採取した。エレベーターのデータは次のようであった。

　時間（秒）　　0,　1,　2,　3,　4,　5,　6,　7,　8,　9
　高さ（m）　　0,　0,　0,　1,　2,　3,　4,　5,　5,　5

　このエレベーターは、2秒から動き始めて、7秒になって目的階に着いたわけである。周到なニュルトン氏は、彼の受けた感覚もメモしておいた。もちろん、

　動き始め（約2秒）＝ギュッ、止まるとき（約7秒）＝
　フワッ、あとはほとんど何も感じない

である。センス抜群のニュルトン氏は、感覚もデータだと考えて、上の表に重ねることにした。

　時間（秒）　　0,　1,　2,　3,　4,　5,　6,　7,　8,　9
　高さ（m）　　0,　0,　0,　1,　2,　3,　4,　5,　5,　5
　感覚　　　　　　　　0　ギュッ　0　　　　フワッ　0

感覚「0」は、ほとんど何も感じないという意味である。一方、フリーフォールのデータはすごくって、中年男の心臓にはかなりこたえた。

　　　　時間（秒）　0,　　1,　　2,　　3,　　4
　下向き高さ（m）　0,　　5,　 20,　 45,　 80
　　　　感覚　　　　　　キャー　キャー　キャー

真犯人を割り出すためには、これらの表の第二欄にある数字と、最後の欄の感覚とを結びつけねばならない。

141

というわけで、ニュルトン氏の灰色の鍛え抜かれた数理脳細胞の出番である。ニュルトン氏はこの日のために、数列を「いじる」訓練をしてきた。ここで「いじる」とは、数列の数字をみんな2倍してみるとか、全部に3を加えるとか、ある数から左隣りの数を引いて階差を取るとか、そういったたぐいのことである。

これらを、いろいろ試した結果、ニュルトン氏は「階差がいちばんおもしろそうだ」という結論にたどり着いた。おまけに、1回だけ階差を取るのではなくて、一回階差のもう一度階差を取る、すなわち二回階差を作る方がよさそうである。ニュルトン氏の発見にしたがって、階差の表を作ってみたのが下の表である。

エレベーターの場合

時間（秒）	0, 1, 2, 3, 4, 5, 6, 7, 8, 9
高さ（m）	0, 0, 0, 1, 2, 3, 4, 5, 5, 5
一回階差（右引く左）	0, 0, 1, 1, 1, 1, 1, 0, 0
二回階差（右引く左）	0, 1, 0, 0, 0, 0, -1, 0
感覚	0, ↓ 0, 0, 0, 0, ↓ 0 　　ギュッ　　　　　　フワッ

フリーフォールの場合

時間（秒）	0, 1, 2, 3, 4
下向き高さ（m）	0, 5, 20, 45, 80
一回階差（右引く左）	5, 15, 25, 35
二回階差（右引く左）	10, 10, 10
感覚	↓　↓　↓ キャー　キャー　キャー

第七章　ニュートンは何を考えていたのか

　矢印のところをご注意いただきたい。ニュルトン氏のいうとおり、感覚と数字がピッタリ一致している。とくにエレベーターのデータでそれがいちじるしい。数字がゼロなら、感覚もゼロ、数字がプラスなら、押さえつけ感「ギュッ」、マイナスなら、浮き上がり感「フワッ」である。

　この目で見ると、フリーフォールもそうなっている。こちらは下向きを増加の方向に取っているから、普通に見るとすべての数字にマイナスがつく。だから、エレベーターの場合の10倍くらいの浮き上がり感が、最初から最後まで乗客を支配し、それが最初から最後まで「キャーキャーキャー」になったと考えることが出来る。

　そうして、ニュルトン氏は、「これら二つの事件は、共通の犯人が引き起こしていると思われる。その犯人をあぶり出すには、二回階差がもっとも有効である」と見事に結論する。

　ここで「感覚」と「数値の操作」とが見事に結びついたのである。数学の歴史からいっても、「『感覚』と『数値』」がこれほどきれいに結びつくのは、お釈迦様以来の夢のまた夢といったところである。

　そこで、「『数列』の単元は、この人類最大の夢の実現を記念するためにあるといっても言い過ぎではないのじゃ。階差数列などという『数列から作る数列』『数値に施す操作』を勉強する意義がわかったか」「わっかりました。数学ってやっぱりスッゲェです」「これがコーシーさんの微分・積分というか、解析学になってはじめて完成されるんじゃ。これから、よう勉強せい」「ハーイ」となって、普通ならめでたし、めでたし……なのだが、どうやらそうは

いかないらしいところに、わが国の中学・高校、さらには大学における数学教育の悲しさがありそうである。

迷路に入ったニュルトン氏

しかし、ニュルトン氏はあくまで冷静である。彼は「時間の取り方・刻み方が、もしこれと違っていたら、同じ結論が得られるだろうか」という心配をしていた。その一方で、足で稼ぐという立場から、この感覚が「押す、引く、持ち上げる」などのときに、いつでも起こるモノであることに気づいていた。そこで秘かに、「もし、『この感覚』が『数値とその操作』で捉えられるものだとしたら、それこそが、ギリシャが捉えようとして捉えられなかった『力』という概念ではないだろうか」と考えたのである。

ニュルトン氏の心配については、そういわれてみればそのとおりで、仮に2秒おきにデータを取ってしまったとすると、エレベーターの場合は少し様子が変わってくる。

エレベーターの場合

時間（秒）	0, 1, 2, 3, 4, 5, 6, 7, 8, 9
高さ（m）	0, 0, 0, 1, 2, 3, 4, 5, 5, 5
データ取得時刻	↓　　↓　　↓　　↓　　↓
データ	0,　　0,　　2,　　4,　　5
一回階差（右引く左）	0,　　2,　　2,　　1
二回階差（右引く左）	2,　　0,　　−1
	↓　　　　↓
感覚	ギュッ　　フワッ

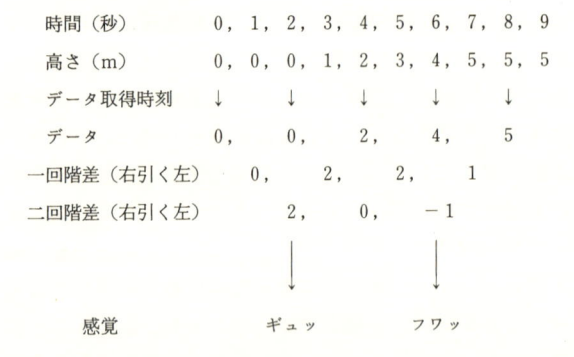

第七章　ニュートンは何を考えていたのか

　さっきは、ギュッとフワッとが、1と−1でちょうど一致したのに、今度は、ギュッはフワッの2倍にもなっている。また逆に、0.5秒ごとにデータを取ったとしても、様子が変わる。

　フリーフォールの場合なら次のとおりである。ただし、数字はワザと丸めている。あとで明らかにするが、数字のなかに真実を読みとるのは結構年季が要りますよ、という意味でもある。

フリーフォールの場合

時間（秒）	0,		1,		2,		3,		4
下向き高さ（m）	0,		5,		20,		45,		80
データ取得時刻	↓	↓	↓	↓	↓	↓	↓	↓	↓
データ	0,	1.2,	5,	11,	20,	31,	45,	61,	80
一回階差（右引く左）		1,	4,	6,	9,	11,	14,	16,	19
二回階差（右引く左）			3,	2,	3,	2,	3,	2,	3

　　　　　　　　　　　↓　　　↓　　　↓　　　↓
　　感覚　　　　　キャー↓キャー↓キャー↓キャー
　　　　　　　　　　　キャー　キャー　キャー

　さっきは10だった二回階差が、今度は2とか3になって一定しないうえに、かなり小さい。これで同じキャーに対応すると主張するのは、ちょっと無理かもしれない。しかし、よく考えてみると、時間の刻みを半分にしたのだから、階差も小さくなって当然である。とはいえ、時間が半分になると、二回階差は、どうやら$\frac{1}{3}$から$\frac{1}{5}$くらいになるらしい。これではなんとなく割り切れない。

　せっかく「感覚と数値」が結びつきかけたというのに、こんな厄介なことイヤッ！　と、本書を放り出されても困

るのだが、小説やテレビとはまた異なって、学問のなかにはホンモノの答えだけではなく、少々厄介であるにせよ、読者へのホンモノの挑戦も、ホントに役に立つ景色のいい見晴らし台も、また、あるときにはロマンスも用意してありますよといいたいのである。ホンモノの答えは、入試なんかに出る（ときには薄っぺらい）答えとは比較にならないくらい重く、また興味深いモノなのである。入試勉強なら必死になり、推理小説ならむさぼるように読むくせに、それより奇なるはずの事実、そして科学や数学はどーなってんのと、つい悪口もいいたくなってしまう。

気配と微分

上で提示した迷い道には、二つの問題が隠れていることをニュルトン氏は知っている。すなわち、データを取るときの時間の刻みをどれくらい細かくしたらいいのかという問題と、それを細かくしたとき、一緒に小さくなる二回階差をどうするかという問題である。この迷い道を抜けないと、「力とは何か」というホンモノの答えにはたどり着けない仕掛けなのである。

このうち、第二の問題の答えは比較的簡単だった。上ではワザと数字を丸めていたことをおわびしなければならないが、ふらつきながらも2と3の間を行き来していた二回階差は、キチンと計算すれば、1秒刻みの場合の$\frac{1}{4}$になっていたのである。キチンと計算する値打ちがあったわけである。ニュルトン氏は、このような計算をいろいろ試してみて、時間の刻みが$\frac{1}{3}$なら$\frac{1}{9}$、$\frac{1}{4}$なら$\frac{1}{16}$……となっていることを発見した。

第七章　ニュートンは何を考えていたのか

　ここに学問の一つの見晴らし台がある、といえないだろうか。

　　時間の刻みが $\frac{1}{2}$ なら二回階差は $\frac{1}{4}$
　　時間の刻みが $\frac{1}{3}$ なら二回階差は $\frac{1}{9}$
　　時間の刻みが $\frac{1}{4}$ なら二回階差は $\frac{1}{16}$

　全部二乗である。これは二回階差だから、一つの階差ごとに時間の刻みで割ることにすれば、これを2回繰り返すとちょうど二乗で割ることになる。「差を取って時間で割る」とは速度を計算することである。となると「速度を2回計算すること」が「感情を数値化」するときのキーなのだ、これを「加速度」と呼ぶことにしようとニュルトン氏は考えた。これで第二の問題は見事解決したのである。

　実際、上のフリーフォールのデータを、もう一段詳しくとって、今度は丸めずに計算したとすると、

時間（秒）	0,		1,		2,		3,		4
下向き高さ(m)	0,		5,		20,		45,		80
データ取得時刻	↓	↓	↓	↓	↓	↓	↓	↓	↓
データ	0,	1.25,	5,	11.25,	20,	31.25,	45,	61.25,	80
一回階差（右引く左）	1.25,	3.75,	6.25,	8.75,	11.25,	13.75,	16.25,	18.75	
一回階差割る0.5秒	2.5,	7.5,	12.5,	17.5,	22.5,	27.5,	32.5,	37.5	
一回階差割る0.5の二回階差		5,	5,	5,	5,	5,	5,	5	
一回階差割る0.5の二回階差割る0.5		10,	10,	10,	10,	10,	10,	10	
		↓		↓		↓		↓	
			キャー		キャー		キャー		キャー
感覚				キャー		キャー		キャー	

　見事に「加速度 = 感覚」である。しかし、白状すると、このデータは、ホンモノのデータではなく、ニュートンさんが導いておいた答え、5 × t × t から作ったデータであ

147

る。だからこの計算は、いわば、あらかじめそうなるように作られたゲームに過ぎない。

しかし、これだけでも、結構わくわくしたのだから、その昔、ニュートンさんのように、ホンモノの観測データを集めて、この結論を導くのはいっそうのスリルに満ちていたはずである。

インドと禅と気配と武道

さて、第一の問題に戻ろう。この問題に早くから気づいていたのが、「瞬間とは何か」と問い続け、「『気配』を読み、しかる後に動く」ことを非常に大切にした禅仏教であり、わが国の武道であったように思う。そういわれれば禅仏教が、インド生まれの「かぐや姫」からゆずられた無限大・無限小を知っていたとしてもおかしくはないし、武道も禅仏教に多くを学んでいる。

武道でいう「気配を読む」とは、要するに相手の動きをあらかじめ察知することである。これは「ホンの微小な時間」、したがって「相手のホンの微小な動き」から読まねばならない。2、3秒で勝負がついてしまう剣道・柔道などで、1秒ごとのデータを解析していたのでは、とうてい間に合わない。そのせいか、高段者になればなるほど、気配を読むのに要する時間は短いそうである。もちろん高段者といえども、写真で撮ったようなホントのゼロ秒をもってきたのでは「気配」は読めない。「静にして動」という公案（禅問答の問題と答え）のように、ゼロでもいけないし、長すぎてもいけない……どころか、短ければ短いほどよい。「気配を読む」ためには「ゼロではない無限小」が

第七章　ニュートンは何を考えていたのか

理想なのである。これを象徴するものが、先にも述べた竹の節から生まれたばかりの「かぐや姫」だったと思う。

さらに、武道にいう「（相手の）動き、気配ありて、はじめて（自分が）動くものなり」も、禅仏教に学んだと考えられるものの一つである。これの禅仏教オリジナルは、「屏風に描かれた虎を捕らえてみろ」といわれた一休禅師の返事、「じゃ、その虎を屏風から追い出してくれ、そうしたら捕らえてやる」に象徴されるもののように思う。

実は、この話、最初は何を意味するのかよくわからなかったのだが、よく聞いてみると、誰かが「虎を追い出してくれてから」自分は「虎を捕らえればよい」のであって、自分で「虎を追い出す必要はない」ということだそうである。だから「虎が出てから考えればよい」のである。ただし、「虎が出たときにどうするか」を完全に知っていなければならないが……。

これは武道の修行に当たってもいわれていたことだ。私が教わったころは、一つ一つの型をすべて覚えるのはバカで、相手に合わせて動くものだといわれたものである。

たしかに、「相手がこう来たらこうする」「ああ来ればああする」という具合にすべての場合とすべての型をいちいち覚えようとすると、キリがない。相手は、１回に一つの方法でしか攻め込んでこないから、その一つの攻撃の気配に対してだけ受けができればよいはずである。これも、もちろん達人、名人の場合だけで、われわれ門弟には「相手の気配」がそんなに読めるはずもなかったし、仮に読めたとしても、なかなか受けられなかったものである。

しかし、わが国はもちろん、インドでも、そしてギリシ

ャ、アラビアでも、これらを数値化・記号化しようとはしなかった。数値化・記号化することによって新しい数と関数の概念を作り上げ、月に帰ろうとする「美しいかぐや姫」を見事、口説き落とし、一休さんの知恵とともに本国に持ち帰ったのは、ロマンスの国フランスに住むコーシーさんだったのである。

　実際、われわれにはなかなかわからなかった一休さんやこれら武道の極意を、数学者であるコーシーさんは、入力を x、出力を y として、関数概念 $y=f(x)$ のなかに取り込んでしまう一方で、かぐや姫をイプシロン・limとして、フランスに連れ去ってしまうのである。

　もちろん「かぐや姫」や「一休さん」をホントに必要とし、探しまわっていたのはニュルトン氏のはずである。しかし、イギリス人の彼は、インドの美女や僧侶がそれであるとは気づかずに、(あとに述べるような理由もあって)ギリシャの美女や哲学者ばかりを追いかけていた。ところがギリシャの美人——ここでは有理数のことなのだが——は形が整いすぎていたために、彼を受け入れてくれなかった。実際、ニュルトン氏はゼノンの逆理という悪魔によってギリシャから追い払われたのである。

　どうやらニュートンさんもそうだったらしい。ニュートンさんの近代的な「力や運動」の概念を支えることが出来たのは、見かけは多少いい加減なインドの数に対する感覚・哲学だったのである。そこでコーシーさんは、「かぐや姫」と「一休さん」を口説き落としてフランスに連れ帰り(?)、大学の解析学で習う「イプシロン・デルタ論法」、そして「関数の定義」として帰化させることにした。こう

してフランス国籍を取得した「かぐや姫」の無限小の側面は、数学の世界では「極限」と呼ばれているので、ご存じの方も多いかもしれない。だが、その裏にある時代や国籍を超越したロマンスは、残念ながら、私の若いころはともかく、最近では「イプシロン・デルタ論法」とともに忘れられてしまったようにも見えるのである。

ゼノンの悪魔と極限

いずれにせよ、小さければ小さいほどよいといわれれば、エレベーターやフリーフォールのデータを取る時間を、キリがないほど細かく細かく分けてゆけばいいじゃないかといいたくもなる。ニュルトン氏もそう思った。しかしギリシャゆずりの数や運動の概念は、そんなに甘いモノではなかった。そこに住みついていたゼノンの悪魔がニュルトン氏を追い返してしまったのである。ここで、この悪魔をご紹介しよう。

足の速いものの代名詞であるアキレスが、のろまなカメに追いつけないという奇妙な話とか、矢は永遠に的に届かないなどというこれまた変な話をお聞きになったことはないだろうか。これらはすべてゼノンの悪魔の仕業である。

矢と的の話とは、次のようなものである。

いま矢と的の間が10メートルあったとする。矢が的に向かって飛んで、ちょうど半分の5メートルの位置にきたとき、大きい声で「イチ」と叫ぶことにしよう。そして、残った長さがその半分の2.5メートルになったとき「ニイ」と叫ぶ。さらにそのまた半分で……と叫び続けてゆくことにする。すると、矢が的に届いたときは、すべての数をか

ぞえ終わっていなければならない勘定になる。一方、数は無限個あるはずだから、かぞえ終わることなど出来るはずがない。だから、矢は永遠に的に届かない。

　半分、半分に取ってゆくと、無限個の点が出てきて、どうしようもなくなるぞという点がゼノンの論点なのだが、こうなると、矢が的に着かないどころか、運動そのものすらも不可能になってしまう。

　もっとすごいのは、たとえば、$y = x + 4$ のグラフですら、うっかりすると画けなくなってしまうことである。というのも、グラフを画くには、xにいろいろな値を入れて、それに対する y を計算して下のような数表を作り、それに従って点を取ってゆくものだと習う。

x	0	1	2	3	4	5 ……
y	4	5	6	7	8	9 ……

この数表を完全に作り上げてから、グラフを画こうなどと呑気に構えていると、とんでもないことになる。無限個の点を計算することになるのだから、永久に待たねばならない。おまけに、たとえば、０と１の間にすら、無限個の点が待ち構えているのである。

　こうなると、中学数学でさえもなんとなく心配になるが、老婆心から付け加えると、中・高校レベルのグラフ問題については必殺技が用意してあるので、そんな心配は一切ご無用である。一次関数の場合なら、その必殺技は、ユークリッド先生由来の「直線は２点によりて定まる」と「一次関数は直線である」の二つである。この二つの呪文を唱えれば、一次関数のグラフは、その上の２点だけを計算して

定規で結べばよいことになり、無限の悪魔はたちどころに退散してしまう。

無限の悪魔に立ち向かう

これは武道の修行でも同じことである。いちいち細かいワザを覚えようとすれば、無限にあるワザを覚えるまでに死んでしまう。だから、相手に合わせることを覚えろ、それがホントのワザであーる……という武道の極意ないし、一休禅師の哲学を数学に取り込んだのが、コーシーさんの関数の概念にほかならない。コーシーさんは、これによってゼノンの悪魔を退治してしまったのである。

高校や大学で、関数 $y = f(x)$ などといわれると、わかったようなわからないような気分になって、「まあいいや」となることが多いが、これは「『相手の出方＝x』に対して『こちらの出方＝y』を決めるのだ。その決め方がfである」という意味に過ぎない。

たとえば相手が0と出れば、こちらはそれに4を加えて4、そして、相手が1と出れば、こちらは4を加えて5と出ればよい。要するに「4だけ多くいう」ことにすれば、すべての数を自分でいう必要はなく、相手に言わせればよい。この考え方を記号で書き表わしたモノが、関数

$f(x) = x + 4$

だったのである。

この作戦は、「要するに4多い」で把握してしまって、上の数表に巣くって「xとyのすべてをいわねばならないぞー」と脅かす無限の悪魔を退治してしまえるというものである。

この目で見れば、先に引用したニュルトン氏のフリーフォールのデータは関数

$f(t) = 5t^2$

で表わされるといってもよいということにしよう。これ以上は他にゆずることにして、とにかく計算すれば、次のようになる。

時間(秒)	0,	1,	2,	3,	4
下向き高さ(m)	0,	5,	20,	45,	80
	‖	‖	‖	‖	‖

関数で計算すれば 5(0×0), 5(1×1), 5(2×2), 5(3×3), 5(4×4)

だから関数という概念一つのおかげで、うっかり「いくらでも細かくして、すべての点でのデータを取る」などといってしまって、ゼノンの悪魔に「それって無限じゃないの」と嫌みをいわれることもなくなるわけである。

こうしてはじめて、かぐや姫を計算に乗せて気配を読むことが出来るようになる。ある時刻 t の状態 f(t) から、ほんの少しだけたった時刻「t＋かぐや姫」においては、状態は f(t＋かぐや姫) になっているはずである。ここで、気配を計算するには、1秒刻み、0.1秒刻み、0.01秒刻み……のすべてを知らねばならないぞとゼノンの悪魔にいわれておそれる必要はない。上に書いた「かぐや姫」はそのすべてを代表しているのである。代表を一つ書いておけば、あとは出たとこ勝負。そこへ1、0.1、0.01……を代入してゆくだけである。

気配を知るには、もとの状態からの変化を知ればよい。それが f(t＋「かぐや姫」) － f(t) である。これは数値としては小さすぎるから、これを小さい「かぐや姫」で割り

第七章　ニュートンは何を考えていたのか

算しておけば見やすくなる。

$$\frac{f(t+「かぐや姫」)-f(t)}{「かぐや姫」}$$

実際のデータでは、分子の f (t+「かぐや姫」) − f (t) は階差であり、分母は時間の刻みである。

　ニュルトン氏がここまで考えて、階差を取って、時間で割ることを考えついていたら万々歳だったのだが、そうはいかなかったらしい。

「かぐや姫」をイプシロンというギリシャ文字 ε と、lim という記号で書き換えて、

一回階差（を時間で割ったもの）は

$$速度 v(t) = \lim \frac{f(t+\varepsilon) - f(t)}{\varepsilon} = \frac{d}{dt}(f(t))$$

二回階差（を時間で割ったもの）は

$$加速度 = \lim \frac{v(t+\varepsilon) - v(t)}{\varepsilon} = \frac{d^2}{dt^2}(f(t))$$

と明快に書き下して、ゼノンの悪魔に邪魔されずに運動を取り扱える近代解析学の幕を開けたのはコーシーさんの偉大な功績だった。

　先ほどの関数の場合なら、次のように計算すれば、それが、ゼノンの悪魔にうち勝って、時間の刻みとは無関係に10になることがハッキリわかる。

$$\begin{aligned}
速度：v(t) &= 関数 f(t) の微分 \\
&= \lim f(t+\varepsilon) - f(t)/\varepsilon \\
&= \lim 5(t+\varepsilon)^2 - 5(t)^2/\varepsilon \\
&= \lim 5\{(2t\varepsilon) + \varepsilon^2\}/\varepsilon \\
&= \lim 5\{(2t) + \varepsilon\} = 5 \cdot 2t = 10t
\end{aligned}$$

$$\text{加速度：}\alpha = \text{速度v(t)の微分}$$
$$= \lim 10(t+\varepsilon)-10t / \varepsilon$$
$$= \lim 10\varepsilon / \varepsilon = 10$$

　もちろん、ある文系の学生が質問するように、εのかわりに「かぐや姫」と書いてもよいし、limのかわりに、「月へ帰ってもかまわないような、要らない『かぐや姫』は消す」といってもよいのだが、それはあまり一般的ではないし、第一書くのは面倒だからやめた方がよいと思う。

　ただ、もっと元に戻って、ニュルトン型の数表とコーシー型の関数のどちらで「気配」を把握すべきなのかと詰め寄られると、私には、それが使われる場面によるとしか答えられない。ゼノンの悪魔を逃れて、理詰めですべてを組み上げ、その上に近代精密科学を乗せたいなら、コーシー型の関数によって把握することは必須である。一方、直感的にとにかくわかってしまいたい、とにかく実験の結果を整理したいというなら、数表型で十分な場合が多い。

　しかし、実験の結果を関数に出来るかどうかという、さらに奥の深い問題については、ホントのところをいえば、現在でも完全に解決したわけではないと思う。ホンモノのニュートンさんも、（それとは気づかずに？）実験の結果を関数にするには、どうすればよいかと真剣に悩んで、ユークリッド先生はおろか、ついには神様まで引っ張り出して『プリンキピア』という難解な本を書くことになったのかもしれないのである。

　ニュルトン氏がギリシャに求めていたものも、またこれだった。というのは、彼はすべてのフリーフォールに乗ってみるわけにも、すべてのエレベーターに乗ってみるわけ

第七章　ニュートンは何を考えていたのか

にもいかないことをよく承知していた。だが「どんなフリーフォールでも、エレベーターでも、法則として『力＝加速度』が成り立つのだ」と言い切らねばならないとしたら、「すべての三角形についての……」と堂々と言ってのけたギリシャの、ユークリッド先生の知恵を拝借する以外にない。だから「その時代の数や関数の概念が、少々窮屈で未完成だったとしても、まあしようがないのではないか」というわけだったのである。

しかし、その当時の数 ＝ 有理数は、ニュルトン氏が必要とし、ユークリッド先生が理想としたものからはとんでもなく離れたところにあった。これがハッキリわかって、コーシーさんが新しい数の体系を作り上げる必要性を認識するのは、あとに触れるようにデカルトが幾何学と数とを結びつける方法を発見してからのことである。

あるところから先は専門家に任せておくにしても、こうしたホンモノの科学の思想の根っこをどこかに置き忘れてきた無理解から、中・高校レベルの理数科教育全体において、これらがとかく混用され、大学またはそれ以上のレベルにおいてまで混乱が残ってしまうとすれば、「数学をなぜ学ぶのか」どころの騒ぎではなくなるな、とも感じられるのである。

とにかく、一休さんとかぐや姫を利用して、運動とその加速度をしっかり捕まえてしまうことが出来るとすると、これは「押す、引く、持ち上げる」などのときにいつでも現われる「運動に直結した感覚」に結びついているはずだ。だから、逆にこれを使って、運動の陰に隠れている「力」という化け物、ギリシャが捉えようとして捉えられなかっ

た「フワッ、ギュッ、キャー」などの感覚の「もとのもと、真犯人」をあぶりだすことが出来るにちがいないと考えたニュルトン氏ならぬホンモノのニュートンさんは、やっぱりスッゴイものである。よく学生が誤解しているように、「力」が先にわかっていて、加速度をそれから導いたのではない。たしかに「力という感覚」は先にあったのかもしれないが、それを近代科学の対象とするには、加速度・二回微分として捉え直す必要があったのである。

　こうして、ニュートンまでの人類の前にうずたかく積み上げられていたデータと、数千年にわたってインドやギリシャの哲人たちが問い続けてきた「力とは何か」「カラスは紙より重いのになぜ飛ぶのか」などなどの疑問とが、人類共通の知恵「力 = 加速度」のなかに凝集され、氷解することになったのである。

コーシーさんの苦労

　かぐや姫を連れ帰って、迷宮に入っていたニュルトン氏を助け出すことが出来たコーシーさんには、それなりの苦労があった。イプシロンはとにかく「lim・極限」という概念は、当時使われていた有理数という数の体系のなかにはなかったのである。ちょうど、彼女を連れて帰って来たら住むところがなかったみたいなものである。そこでコーシーさんは、彼女のために、先祖代々住んできた有理数という家を増・改築しなければならなくなった。

　しかし、この家は多少傷んでいて、雨漏りすると前々からいわれていた。たとえば、$\frac{1}{3}$である。これ自身は何でもないが、$\frac{1}{3}$を小数で書いて0.333333……としてから、3倍

第七章　ニュートンは何を考えていたのか

すると変なことになる。

0.333333……×3＝0.999999……

となって、元に戻らないのである。

分数で書いている限りは大丈夫、もとの１に戻ったのにと小学生あたりにねじ込まれると、どう説明しようかと結構悩んでしまうものである。さらに最近の電卓も、「戻る派」と「戻らない派」に分かれているから、話はもっと複雑になる。だいたい安物の電卓では戻らないことが多いし、値段の高い高級品には戻るものが多い。

もっとひどく傷んでいた部分は、うっかりすると足し算、掛け算すら出来なくなるという部分だった。たとえば、$\sqrt{2}=1.4142……$と$\sqrt{3}=1.7320……$に$\pi=3.1415……$を加えるなどということは、そんなに簡単ではなかったのである。

というのも、インドで発明された足し算は、途中で桁上がりしながら、右から左に足してゆくという規則になっている。したがって、原則としては数字に右端がなければ足せない。ここがキッチリしていないと、桁上がりがあるかどうかわからないから、次へ行けないわけである。ところが、無理数と呼ばれているこれらの数には、右端がないうえに、たとえば 333 が続くというような規則もないから、何がどう来るのかまったくわからないのである。

こんなことになったのも……と、ギリシャとアラビアのあいだで喧嘩が起こらなければいいのだが、これはどうやら、一つ屋根の下に異なった「数の体系」が住み着いたせいらしい。

ピタゴラス自身がそうだったといわれているが、ギリシ

ャはピタゴラスの定理をなんとなく隠したがったそうである。実際、ピタゴラスの定理を使って三角定規の辺の長さを計算すると、それが $\sqrt{2}$ また $\sqrt{3}$ の半分であることがわかる。ギリシャでは無理数は悪魔の数と見なされたそうで、それが三角定規のような、きれいな、あたかも神が与えたような図形に乗っかることを示す定理は、あまり好かれなかったともいうのである。

無理数が悪魔のように嫌われたのは、もともとは上に述べたように、足し算、掛け算が思うように出来なかったせいらしい。ギリシャは、数というモノは、きれいな足し算、掛け算が出来るモノに限る、それ以外は排除（？）しようと考えたのである。それが分数の世界・有理数の世界だった。これは通分しさえすれば、インドゆずりのきれいな足し算、掛け算を許す、おまけに割り算すら可能だ、というわけである。

ところがアラビアでは、分数はそんなに歓迎されなかったらしい。というのは、たびたび書いたように、砂漠を旅した彼らは、簡単な観測機器を使って、ナビゲーションをする必要があった。この観測機器に目盛りをつけて読みとるには、分数より小数の方が早かったのである。

こうして同じ「数」といいながらも、一方は分数で考える、もう一方は小数で目盛るなどということが起こってしまった。そこでは、同じモノを、$\frac{1}{3}$ と書くか、0.3333……とするかの衝突もある。この場合は、両方ともに、なんとか3倍が出来たまではいいとして、その答えが食い違ってしまったのである。

コーシーさんは、これを修繕するには、0.99999……と

第七章 ニュートンは何を考えていたのか

続くような数を、いったん途中で切ればよい。すなわち、次々に公家たちを袖にするかぐや姫にならい、最初は0.9、次は0.99、その次は0.999……という数の列を考えればよいのではないかと考えた。そうすると、1と0.9との差は0.1、次の1と0.99との差は0.01、その次の差は0.001……という具合に、どんどん小さくなってゆく。このように差がどんどん小さくなってゆくなら、同じモノと考えてしまえ、というのが、コーシーさんの基本的なアイディアだった。こうすると、1と0.999……とは半ば強制的に同じモノということになってしまう。

このアイディアのご利益は0.999……にとどまらなかった。たとえば無理数の足し算・掛け算が、平気になってしまったのである。

実際、$\sqrt{2}$ という無理数そのものを、最初は1.4、次は1.41、その次は1.414、……というような数の列の行く先だと考え、$\sqrt{3}$ も同じように、最初は1.7、次は1.73、その次は1.732、……というような数の列の行く先だと考える。こうすると、1.4と1.7、1.41と1.73、……をそれぞれ加えることは何でもない。だから、$\sqrt{2}$ と $\sqrt{3}$ を加えたものは、

数列 1.4＋1.7、1.41＋1.73、1.414＋1.732、……

の行く先だといってしまえばよいことになる。

こうして無限に続くどんな小数でも、足し算、掛け算が出来ることになった。行く先といったのは、実は、先ほどのlim＝極限である。

というわけで、コーシーさんは、「無限に続く小数を考え」「それを、途中で切って列を作り」「先に行けば差がゼ

ロになるようなモノは同じと考える」という二つのステップによって、ギリシャとアラビアばかりか、かぐや姫、ひいてはニュートンさんの率いる微分積分から近代科学までを安全に住まわせられる壮大な建物を作り上げたのである。

ちなみに、この壮大な建物は、数学では「実数」という名前で呼ばれている。これについても、その陰に隠されたドラマについてほとんど知らされていないわが国の学生は、数年間にわたる解析学の授業のあとですら、実数を「単に有理数と無理数を合わせたモノ」としか理解していないそうである。だから、それを「じゃ、無理数って何だかいってみろ」とからかうと、たいていの学生は「実数のなかで有理数でないものです」としか答えられなくて、その堂々めぐりに目を白黒させるらしい。

「かぐや姫」までゆかなくても、「無理数とは、ギリシャが隠そうとした$\sqrt{2}$や$\sqrt{3}$……ばかりでなく、アラビアが持ち込もうとした無限に続く規則のない(ホントは循環しない)小数を、コーシーさんのルールによって分類したモノでーす」くらいは答えてほしいのに。

もし彼らに未来を期待するつもりなら、記憶化する一方の教育、ますます細分化してゆく学問ばかりをよしとするのではなく、学問自身を、そして教育自身を、もう少し広く捉え直す必要があるのではないだろうか。

そればかりか、大学初年度の解析学コースの組み立てにおいても「何のためのイプシロン・デルタか」「実数なんか止めてしまえ」などの議論が延々と繰り返されるのだという。

実は、高校までの段階では、数の定義や範囲ははっきり

第七章　ニュートンは何を考えていたのか

していなくて、かなりぼやけている。それをキッチリと使える道具に仕立て上げるのが大学の解析学なのである。多分そのために、（解析学を作った国などでは）せっかくの微分積分も、低い段階では、物理の計算などには使わない方が安全ということになったのにちがいないのである。だから、もともと物理のために開発された微分積分を高校物理に使わない法はないとばかりに、粗っぽいことをやってしまうと、結構ややこしいことになってしまうおそれがあると思う。

　その昔、ある先進国の何かの生産施設をコピーするに当たって、何だかわけのわからない装置を外して設計し直した。すると、うんと低いコストで稼働するようになったので、大喜びで「国産化大成功！」とバンザイしたという話を聞いたことがある。実は、そのわけのわからない装置は、今でいう排水浄化装置、公害低減装置だったというのだから、産業にせよ、学問にせよ、やはり根っこを置き忘れるのは悲しいことではないのだろうか。

　数の範囲をコーシーの実数にまで広げて、はじめてニュートンの考え方は微分方程式として自由に羽ばたくことができるようになるのだし、この微分方程式を利用することによって、人間は「(すべてではないにせよ)気配という怪物」を捉えることが出来るようになったのだから、大学でも、少しはこの周辺を話す時間があれば、学問全体を立体的に捉えることが出来て、感慨もひとしおのはずなのに……などと、またしても総合的数理学、ポリ・マセマティックスの今日における重要さを思ってしまうのである。その意味では本書が、今出版されるのは時宜を得たことかも

しれない。

歴史的にいっても、コーシーの実数の受け入れが遅れたイギリスには、ニュートンの思想をそのまま電磁気学に当てはめて成功したマックスウェルは出たが、それを除くと、ニュートン自身の考え方の発展や拡張は、むしろコーシーによってスッキリした微分積分の方法を駆使したフランス、そしてそれに幾何学の考え方を付け加えたドイツによって行なわれたところが大きかったように見えるのである。

コーシーさんの実数への賛歌

第五章で登場したユークリッド先生は、その公理のなかで「円の内部を通る直線は、必ず円と交わる」といいきっていた。実際、第五章では、これを利用して円とコンパスで二次方程式を解いたはずである。しかし、デカルトによって座標の方法が導入されたうえで、もう一度落ち着いて考えると、もしギリシャの世界の数が（彼らが主張したかったように）有理数だけだったとしたら、とんでもなく変なことが起こっていたのである。

たとえば、
$$x^2 + y^2 = 1$$
という円を考える。直線$y=x$はこの円の中心（0，0）を通る。だから、この円と直線は必ず交わる。一方この交点を計算してみると、$y=x$を円の方程式に代入して、
$$2x^2 = 1$$
だから、
$$x = \pm\sqrt{2}/2$$
$$y = \pm\sqrt{2}/2$$

第七章　ニュートンは何を考えていたのか

である。これらはともに無理数、少なくとも分数・有理数ではない。ということは、数の範囲を有理数だけに限ってしまうと、交点は存在せず、直線はユーレイのように、円を抜けてしまうことになる。

　この座標の方法の導入はかなり遅く、コーシーさんの時代に近かったから、この矛盾はほとんどすぐに解決されてしまって、表面には出てこなかったようなものの、ギリシャの数の概念と、ユークリッドの幾何学的直感とは、どこかで食い違っていたのである。

　もちろん、現代でなら、コーシーさんの実数を座標にとることによってまったく問題はなくなっている。それどころか、ユークリッドの直感の方が結局正しかったのだということがわかっている。まさかユークリッドは、実数が約2000年後に出てきて、自分の直感が正しいといってくれるのだと思ったわけではあるまいが。

　実は、先にギリシャにサポートを求めて失敗したといったニュートンも、どうやらユークリッドの直感の正しさは見抜いていたらしい。そのため『プリンキピア』のなかで、流率法といって、ニュートンさんなりのキッチリした微分を幾何学のなかに作っていたのである。

　またユークリッドは、作図に当たって定規とコンパスがすべてとしたが、これでは二次方程式までしか解けない。しかし「これで大丈夫かな」などと心配するのはまだまだ修業が足りない青二才で、実は「ほとんど大丈夫」だったことが、ニュートンの方法によって証明されるのである。

　たとえば自由落下＝フリーフォールは、重力加速度一定、すなわち下向きに引かれる力が一定の運動である。こ

165

れを、(コーシーさんの実数の上で可能になった) 微分方程式で書き下すと、

$$\frac{d^2}{dt^2}x(t) = 一定$$

などと難しいことになるが、答えはニュルトン氏が書いていた二次式になる。これならコンパスと定規でなんとか作図できる対象である。

同じようにして天体の運動も、主なところはだいたいそうだったということがわかっている。この辺については稿を改めねばならないが、とにかく、あの時代にこれらすべてを予見して、それを乗っけることが出来る基礎を作り上げたユークリッド、そしてそれを確かめたニュートンのすごさには、改めて脱帽してしまうのである。

コーシーさんへの疑問

あまりコーシーさんを持ち上げてばかりいないで、コーシーさんの実数が逆にその存在をあぶり出した悪魔についてもお話ししておこう。

逆説好きのギリシャに住んでいたもう一つの悪魔に、「白と黒の逆説」と呼ばれる奴がいる。これを呼び出すには、大量の白ペンキと黒ペンキ、そしてコップにバケツがあればよい。そしてコップ1杯の白ペンキをとってバケツにあけ、見物人に「白か黒か」と聞いてみるのである。ただし、見物人は、「白か黒」のどちらかしか答えられないものとしておく。

もちろん最初の答えは「白」である。そこでバケツに黒ペンキを1滴垂らしてかき混ぜる。そのうえで、もう一度

第七章　ニュートンは何を考えていたのか

聞いてみると、答えは多分「白」である。もう1滴垂らしても、答えは「白」にちがいない。これをドンドン続けてゆく。返事は、どこかで「黒」に変化するはずであるが、その一歩手前を考えたとたんに、この悪魔が飛び出してくるという仕掛けになっている。

問題の「その一歩手前」では、答えは「白」のはずである。いったん「白」と答えてしまったのだから、そこへホンのちょっぴりの「黒」が混じったからといって、答えが一挙に「白→黒」へ飛ぶような、そんなに大きい変化があるはずはない、すなわち、「ホンのちょっぴりの変化が、重大な変化を引き起こすはずがない」のである。だから、次は「黒」になれない、なのに黒になっている……。これが「白と黒」の逆説である。

この逆説が、論理の世界だけの出来事ならまだいいが、交通警官に捕まったときにも応用（？）することが出来るのだから、ことは複雑になる。

仮に、逆説氏が80キロ制限の道路を、100キロで飛ばしていて捕まったとする。そこで「もしこれが、ほんのちょっぴりオーバー、たとえば80.1キロだったら、捕まえますか」と警官にくってかかって、警官が「そんなことしないよ」と答えればしめたモノ。「じゃ、80.2キロなら」「80.3キロ」……と続けていって「結局100キロでもいいでしょう」と逃げることが出来るはずである。また「0.1キロでも捕まえる」といえば、「じゃ、80.01キロならどうか」と始めればよい。0.01キロの違いが読みとれるスピードメータはかなり高価だから、街頭スピード取り締まりには持って行けないと（その昔に）聞いたことがあるからである。

167

とにかく、ほんの少しでもゆるめてくれれば、あとはこっちのモノ……かもしれない。実際にも、この逆説は、裁判で「有罪・無罪」を決めるときにホントに問題になるらしいのである。

コーシーさんまでは、こんなことと数学とはカンケーなかったのだが、なまじ、コーシーさんの実数が見事だったばっかりに、数学にまで、この悪魔が紛れ込むことになった。

実数を習って連続関数がすんだばかりのころに、

定理：0か1のどちらか一方しか取らない連続関数は、定数である

が出てくることがある。証明は省略するが、とにかく、この定理がコーシーさんの実数の上で成り立ってしまう。実はこれこそが、数学版「白と黒の逆説」にほかならないのである。

というのも、これまた省略するが、「連続」という一見怖そうな「数学用語」は、先に述べた「ホンのちょっぴりの変化が、重大な変化を引き起こすはずがない」というフレーズの数学的言い換えに過ぎないのである。そこで0を白、1を黒と読みかえると、たちまち数学的にも、「白なら白」、「黒なら黒」のどちらか一方、すなわち「白から黒」へは飛べない……、連続な変化は不連続な変化を引き起こせないということになる。白と黒の逆説の悪魔は数学的にも実在したのである。

数学的に実在するくらいだから、この悪魔は、ホントの悪さをする。裁判や人間の判断はもちろん、どこかで引用したスイッチのオン・オフがもろにそれなのである。

第七章　ニュートンは何を考えていたのか

　今、上等のエアコンをスイッチでオン・オフするものとしよう。部屋の温度を出来るだけ一定に、たとえば、25°±0.1°に保ちたいものとすれば、温度が25.1°になったときにスイッチをオンすることになる。すると、このエアコンは上等だから、すぐに24.9°くらいになるはずである。そこでスイッチをオフする。オフになると、温度は上がって、すぐに25.1°くらいになる。すると、オンにして……と繰り返せばよい……はずであるが、問題は「この繰り返し」のなかにある。

　もともと、この制御は、温度という連続的な変化を、スイッチというゼロ・イチの不連続な変化に置き換えようとしていたわけである。しかし、上の定理は、これでは、どこかに無理が起こることを示している。それを無理して不連続な変化を何回も繰り返すと、スイッチはまず間違いなく壊れてしまうものである。一般に機械製品、電気製品などでは不連続な変化を好まないので、故障が起こるとするとたいていここである。

　実は、これが昔のエアコンの泣き所だった。そこで不連続変化のスイッチ方式を止めて、連続変化に置き換えてしまったのが、これまたわが国が導入したインバーター方式だったのである。これは、外界温度を、モーターの回転数に置き換えている。すなわち、外界温度が高くなればエアコンのモーターを速く回し、低くなれば遅く回すというアイディアによって、温度の連続変化を制御の連続変化に置き換え、故障を押さえ、精密な温度制御を行なうことに成功したものなのである。

169

数学の夢・私の夢

エアコンでは、温度オン・オフを連続変化で置き換えることが出来たが、一歩進んだ制御や人間の判断などでは、こうはゆかない。どこかで「ジャンプすること」、すなわち「ちょっとした変化で重大な変化が惹起される」ことを許容しないと、「白」や「黒」などの判断は結局は行なえない。それどころか、こう書いている私の言葉自身を0と1の複雑な組み合わせとみるとき、上の定理は、感情などの微妙な変化を論理や言葉に置き換えることすら不可能ということを意味してしまうのである。

しかし、数学の定理は、これまたどこかで述べたが、不可能性の壁と同時に、それを乗り越えるためには何をなすべきかを指し示すものでもある。このような考えのもとに、コーシーの関数概念を超えるカタストロフィーの理論を発表したのがフランスのルネ・トムだった。

トムは「これを解決することが、現実が新しい数学とその論理に要求するものである」といっていた。トムは近代数学のよりどころであると同時にこれらの矛盾の発生源でもあるコーシーの関数と実数の概念そのものを、もう一度根本的に見直そうとしたのである。そのために彼は、数学やフランスの哲学より、むしろカントなどドイツ哲学、さらにはインド哲学のなかにヒントを探ろうとしたのだった。彼にとって、数学は単なるマセマティックスではなく、ポリ・マセマティックスとして存在していたような気がしている。

トムにとどまらず、幾何学や代数学、解析学に哲学を持

第七章　ニュートンは何を考えていたのか

ち込んだドイツのワイル、フランスのヴェイユをはじめとして、わが国の岡（潔）、小平（邦彦）などは、単なるマセマティックスというよりポリ・マセマティックスを模索したにちがいないとも考えられるのである。

　これ以上は「数学をなぜ」という稿を改めて「学問をなぜ」としなければならないだろうが、これら偉大な先達がすでに故人となられた今、われわれにはそれを超えてゆくことが求められているのではないか、と思う。

　私は、インドから輸入した数理哲学と、中国からの漢字文化に加えての「かな文字文化」、さらにヨーロッパゆずりの論理を使いこなせるわが国こそが、それが可能なのではないか……とも夢見ている。あえていえば、私のなかでは、これこそが「数学をなぜ学ぶのか」の答えなのかもしれないのである。

あとがき

　一度会ったきりなのに、なぜだか忘れられない人がいるものである。当新書の担当者もそんな人だった。だからこそ「数学をなぜ学ぶのか」などという大それたタイトルの本書を引き受けてしまった……ような気がしている。

　数学は、小学校の算数から、（とくに理系の）大学まで、教育とは切っても切れないものとされてきた。だから、それを「何故に学ぶのか」と開き直られると、答えに窮するのが常である。実は私自身も窮してしまって、きつーい催促を受けるまでまったく手がつかなかった。

　そうかといって遊んでいたわけではない。いろいろと考えをめぐらせたあげく、これは多分、なぜ山に木が生える、なぜ川は流れる、と問われたのと同じだ。だから、木や川だけを見ていたのでは、答えられるはずがない。その土壌を見なければならないとまでは考えていたのである。

　しかし、人類共通の知恵である算数・数学を育んだ土壌はきわめて広い。歴史的には、古代インドからエジプト、メソポタミア、ギリシャそしてアラビアにまで、その足跡をたどらねばならないし、近代科学・技術との関係をいうなら、イギリス、フランス、ドイツなどヨーロッパにその思想的な源を探らねばならない。さらに現代社会についてはアメリカの影響を無視することは出来ない。もちろん、現代技術におけるわが国の数理的貢献も論じたい……とな

ると、どうしても、私が苦手とした歴史・地理、哲学・文学の知識までもが要求される。同じことなら、これらの知識を、もう少し仕入れてから取りかかろうとのんびり構えていたところへ、日頃は寛容な担当の石川昴さんから、かなり強烈な最終的督促を受けるに及んで、ついに覚悟を決めて、怪しげではあるが、現在持ち合わせている限りの歴史、地理、哲学、文学、科学……の知識をふりまわして、取りかかることに決めた。

だから、本書をお読みになって、ひょっとして、これは誇張されているとか、事実かどうかわからない……などとお感じになるかもしれない。だが、それもこれも、この大それたタイトルに、本書のようなスタンスで、出来るだけ正面から（それも数ヵ月の間に）答えるための「苦しまぎれ」だったのだと、くれぐれもご寛恕願いたい。とくに本書で書いていることが片言隻句まで絶対正しいと主張するつもりは私にはさらさらない。これらはあくまで数学の流れを人間の思想や技術の上に捉えるための便宜的・象徴的な、フィクションに過ぎないと思っていただければ幸いである。

しかし、これは原稿の段階でのこと、上述の石川さんのおかげで出来上がった本書は、ずいぶんしっかりしたものになっている。その上、本書では位取りや九九に始まる小学校の算数から、中学校の方程式、平面幾何、三角比、そして高等学校の二次方程式、三角関数、対数計算、微積分まで、（因数分解と整数論の他は）すべてに触れることが出来た。ここで石川さんに心からお礼を申し上げたい。ただ、二次方程式や微積分ともなると、高校までの範囲では、

あとがき

「それがなぜなのか」という根源的な問いに答えることが出来なかったので、ほんの少しではあるが、大学の理系数学にも言及することになった。

　信じていただけないかもしれないが、大学で習う数学の奥底には、古来から持ち続けた人間の知恵と、その現代的な分析とがより純粋な形で秘められている。もし、ここまで見通しておけたとすれば、「今日の数学をなぜ習う」がわかったところで、「では、明日は……」と続けることも出来たのだが、先ほどからお断りしているような次第で、ほとんどを割愛せざるを得なかったことをお許しいただきたい。

　もしもではあるが、本書が世に受け入れられるようなことがあるとすれば、また続編ということもあり得るかもしれない。もちろん夢のまた夢にしか過ぎないが、そのときは、十分に時間をとって、本書で書き飛ばしたところや、大学の数学にも触れたいと思っている。

　2002年12月24日

四方義啓

四方義啓（しかた・よしひろ）

1936年（昭和11年），神戸に生まれる．
1959年，京都大学卒業．同大学院修士課程を修了ののち，カリフォルニア大学（バークレー校）講師．帰国後，大阪市立大学・大阪大学助教授を経て，68年，名古屋大学教授．実社会で生じる問題や自然界の現象を数学の領域に持ち込む多元数学を提唱し，95年，同大学院多元数理科学科設立と同時に，同研究科長となる．97年，退官．現在，名古屋大学名誉教授，名城大学教授．
著書『マイ数学――教養数学の要点と考え方』（共著，「微積分の舞台裏」の章，遊星社，1989年）
『大人のための わかる数学――数理哲学序説』（財団法人 国際高等研究所，1999年）

数学をなぜ学ぶのか 中公新書 *1697* ©2003年	2003年5月15日印刷 2003年5月25日発行
	著　者　四方義啓 発行者　中　村　　仁 本文印刷　二見印刷 カバー印刷　大熊整美堂 製　　本　小泉製本 発行所　中央公論新社
◇定価はカバーに表示してあります． ◇落丁本・乱丁本はお手数ですが小社販売部宛にお送りください．送料小社負担にてお取り替えいたします．	〒104-8320 東京都中央区京橋 2-8-7 電話　販売部 03-3563-1431 　　　編集部 03-3563-3668 振替　00120-5-104508 URL http://www.chuko.co.jp/

Printed in Japan　　ISBN4-12-101697-1 C1241

中公新書刊行のことば

いまからちょうど五世紀まえ、グーテンベルクが近代印刷術を発明したとき、書物の大量生産は潜在的可能性を獲得し、いまからちょうど一世紀まえ、世界のおもな文明国で義務教育制度が採用されたとき、書物の大量需要の潜在性がはげしく現実化したのが現代である。

いまや、書物によって視野を拡大し、変りゆく世界に豊かに対応しようとする強い要求を私たちは抑えることができない。この要求にこたえる義務を、今日の書物は背負っている。だが、その義務は、たんに専門的知識の通俗化をはかることによって果たされるものでもなく、通俗的好奇心にうったえて、いたずらに発行部数の巨大さを誇ることによって果たされるものでもない。現代を真摯に生きようとする読者に、真に知るに価いする知識だけを選びだして提供すること、これが中公新書の最大の目標である。

私たちは、知識として錯覚しているものによってしばしば動かされ、裏切られる。私たちは、作為によってあたえられた知識のうえに生きることがあまりに多く、ゆるぎない事実を通して思索することがあまりにすくない。中公新書が、その一貫した特色として自らに課するものは、この事実のみの持つ無条件の説得力を発揮させることである。現代にあらたな意味を投げかけるべく待機している過去の歴史的事実もまた、中公新書によって数多く発掘されるであろう。

中公新書は、現代を自らの眼で見つめようとする、逞しい知的な読者の活力となることを欲している。

一九六二年十一月

哲学・思想・心理 I

日本の名著	桑原武夫編	親鸞と現代	武内義範
世界の名著	河野健二編	悪と往生	山折哲雄
外国人による日本論の名著	佐伯彰一編 芳賀徹編	こころの作法	山折哲雄
マヌ法典	渡瀬信之	徳川思想小史	源　了圓
インド人の論理学	桂　紹隆	義理と人情	源　了圓
仏教とは何か	山折哲雄	荻生徂徠（おぎゅうそらい）	野口武彦
日本の佛典	武内義範編 梅原猛編	荘子	福永光司
佛教入門	岩本　裕	儒教とは何か	加地伸行
日常佛教語	岩本　裕	現代中国学	加地伸行
佛教の思想	上山春平編 梶山雄一編	儒教の知恵	串田久治
般若経	梶山雄一	中国の隠遁思想	小尾郊一
禅思想	柳田聖山	中国思想を考える	金谷　治
法華経	田村芳朗	聖書	赤司道雄
地獄の思想	梅原　猛	倫理の探索	関根清三
法然讃歌	寺内大吉	マホメット	藤本勝次
		イスラームの心	黒田壽郎
		ピューリタン	大木英夫

肉食の思想	鯖田豊之
哲学入門	中村雄二郎
韓非子	冨谷　至

—中公新書既刊Ａ１—

哲学・思想・心理 II

パラドックス	中村秀吉
詭弁論理学	野崎昭弘
逆説論理学	野崎昭弘
空間と人間	中埜 肇
モンテーニュ	荒木昭太郎
パスカル	前田陽一
パスカルの隠し絵	小柳公代
ヘーゲルに還る	福吉勝男
サルトル	矢内原伊作
ニーチェ	藤田健治
ダーウィン論	今西錦司
科学的方法とは何か	浅田彰・黒田末寿・佐和隆光・長野敬・山口昌哉
社会学講義	富永健一
社会変動の中の福祉国家	富永健一
現代社会学の名著	杉山光信編
「生活者」とはだれか	天野正子
「良い仕事」の思想	杉村芳美
科学革命の政治学	吉岡 斉
歴史のなかの自由	仲手川良雄
経済倫理学のすすめ	竹内靖雄
現代アジア論の名著	山内昌之編
思想史のなかの近代経済学	荒川章義
市場社会の思想史	間宮陽介
コミュニケーション論	後藤将之

—中公新書既刊A2—

哲学・思想・心理 Ⅲ

犯罪心理学入門	福島 章
非行心理学入門	福島 章
精神鑑定の事件史	中谷陽二
孤独の世界	島崎敏樹
躁と鬱	斎藤茂太
対象喪失	小此木啓吾
群発自殺	高橋祥友
無意識の構造	河合隼雄
サブリミナル・マインド	下條信輔
死刑囚の記録	加賀乙彦
ことばの心理学	入谷敏男
青年期	笠原 嘉
少年期の心	山中康裕
知的好奇心	波多野誼余夫 稲垣佳世子
無気力の心理学	波多野誼余夫 稲垣佳世子
人はいかに学ぶか	稲垣佳世子 波多野誼余夫
考えることの科学	市川伸一
連想活用術	海保博之
病的性格	懸田克躬
時間と自己	木村 敏
死をどう生きたか	日野原重明
百言百話	谷沢永一
問題解決の心理学	安西祐一郎
児童虐待	池田由子
現代思想としての環境問題	佐倉 統
生命知としての場の論理	清水 博

社会・教育 I

「超」文章法	野口悠紀雄	
文科系のパソコン技術	中尾 浩	教育問答 なだいなだ
ネットワーク社会の深層構造	江下雅之	福祉国家の闘い 武田龍夫
コミュニケーション技術	篠田義明	旅行ノススメ 白幡洋三郎
化粧品のブランド史	水尾順一	
新聞報道と顔写真	小林弘忠	
ニューヨーク・タイムズ物語	三輪裕範	
水と緑と土	富山和子	
日本の米 環境と文化はかく作られた	富山和子	
生殖革命と人権	金城清子	
遺伝子の技術、遺伝子の思想	広井良典	
人口減少社会の設計	松谷明彦	
痴呆性高齢者ケア	藤正 巌	
インフォームド・コンセント	小宮英美	
医療・保険・福祉改革のヒント	水野 肇	
クスリ社会を生きる	水野 肇	
お医者さん	なだいなだ	

整理学	加藤秀俊
人間関係	加藤秀俊
自己表現	加藤秀俊
取材学	加藤秀俊
人生にとって組織とはなにか	加藤秀俊
暮らしの世相史	加藤秀俊
発想法	川喜田二郎
続・発想法	川喜田二郎
野外科学の方法	川喜田二郎
会議の技法	吉田新一郎
発想の論理	中山正和
プロジェクト発想法	金安岩男
「超」整理法	野口悠紀雄
続「超」整理法・時間編	野口悠紀雄
「超」整理法3	野口悠紀雄

社会・教育 II

不平等社会日本	佐藤俊樹	
子どもという価値	柏木惠子	
親とはなにか	伊藤友宣	
家庭のなかの対話	伊藤友宣	
父性の復権	林 道義	
母性の復権	林 道義	
家族の復権	山岸俊男	
安心社会から信頼社会へ	山岸俊男	
大人たちの学校	山本思外里	
日本の教育改革	尾崎ムゲン	
大学淘汰の時代	喜多村和之	
大学は生まれ変われるか	喜多村和之	
大学生の就職活動	安田 雪	
大衆教育社会のゆくえ	苅谷剛彦	
理科系の作文技術	木下是雄	
理科系のための英文作法	杉原厚吉	
数学受験術指南	森 毅	
〈戦争責任〉とは何か	木佐芳男	
国際歴史教科書対話	近藤孝弘	
人間形成の日米比較	恒吉僚子	
イギリスのいい子 日本のいい子	佐藤淑子	
異文化にの育つ日本の子ども	梶田正巳	
学習障害（LD）	柘植雅義	
私のミュンヘン日記	子安美知子	
ミュンヘンの小学生	子安 文	
母と子の絆	宮本健作	
元気が出る教育の話	詫摩武俊	
伸びてゆく子どもたち	斎藤次郎	
変貌する子ども世界	本田和子	
子どもはことばをからだで覚える	正高信男	
父親力	正高信男	
子どもの食事	根岸宏邦	
ボーイスカウト	田中治彦	
県民性	祖父江孝男	
在日韓国・朝鮮人	福岡安則	
韓国のイメージ	鄭 大均	
日本（イルボン）のイメージ	鄭 大均	
海外コリアン	朴 三石	
住まい方の思想	渡辺武信	
住まい方の演出	渡辺武信	
住まい方の実践	渡辺武信	
快適都市空間をつくる	青木 仁	
美の構成学	三井秀樹	
ガーデニングの愉しみ	三井秀樹	
フランスの異邦人	林 瑞枝	
ギャンブルフィーヴァー	谷岡一郎	
OLたちの〈レジスタンス〉	小笠原祐子	
ネズミに襲われる都市	矢部辰男	

自然科学 I

人間にとって科学とはなにか	湯川秀樹	
科学を育む	梅棹忠夫	
数学再入門 I II	黒田玲子	
数学流生き方の再発見	林 周二	
数学は世界を解明できるか	秋山 仁	
医学の歴史	丹羽敏雄	
漢 方	小川鼎三	
和漢薬	石原 明	
この薬はウサギかカメか	奥田拓道	
人工心臓に挑む	澤田康文	
免疫学の時代	後藤正治	
血液の話	狩野恭一	
血栓の話	三輪史朗	
高血圧の医学	青木延雄	
皮膚の医学	塩之入洋	
	田上八朗	

耳科学――難聴に挑む	鈴木淳夫・小林武夫	
細菌の逆襲	吉川昌之介	
タンパク質の生命科学	池内俊彦	
薬はなぜ効かなくなるか	橋本 一	
がん遺伝子の発見	黒木登志夫	
胎児の世界	三木成夫	
胎児の複合汚染	木田盈四郎	
先天異常の医学	森 千里	
言語の脳科学	木下清一郎	
心の起源	酒井邦嘉	
動物の脳採集記	萬年 甫	
0歳児がことばを獲得するとき	正高信男	
老いはこうしてつくられる	正高信男	
病める心の記録	西丸四方	
現代人の栄養学	木村修一	
高齢化社会の設計	古川俊之	
心療内科	池見西次郎	

続・心療内科	池見西次郎	
痛みの治療	後藤文夫	
手術とからだ	辻 秀男	
咀嚼健康法	上田 実	
ヒトラーの震え 毛沢東の摺り足	小長谷正明	
ローマ教皇検死録	小長谷正明	
ダイエットを医学する	蒲原聖可	
代替医療	蒲原聖可	
画像診断	舘野之男	
数学をなぜ学ぶのか	四方義啓	

中公新書 自然科学 II

法医学入門	八十島信之助	カエル―水辺の隣人 　松井正文
科学捜査の事件簿	瀬田季茂	イワシの自然誌 　平本紀久雄
人類生物学入門	香原志勢	トゲウオのいる川 　森 誠一
生命を捉えなおす（増補版）	清水 博	昆虫の誕生 　石川良輔
生命世界の非対称性	黒田玲子	虫たちの生き残り戦略 　安富和男
いのちとリズム	柳澤桂子	モンシロチョウ 　小原嘉明
からだの中の夜と昼	千葉喜彦	砂の魔術師アリジゴク 　松良俊明
からだの自由と不自由	長崎 浩	クモの糸のミステリー 　大崎茂芳
毒の話	山崎幹夫	ミミズのいる地球 　中村方子
薬の話	山崎幹夫	カラスはどれほど賢いか 　唐沢孝一
鯨の自然誌	神谷敏郎	ニホンカモシカのたどった道 　小野 勇一
新版ガラパゴス諸島	伊藤秀三	植物のバイオテクノロジー 　鎌田博
ゾウの時間ネズミの時間	本川達雄	ヒマワリはなぜ東を向くか 　原田宏
サンゴ礁の生物たち	本川達雄	花を咲かせるものは何か 　瀧本敦
ザリガニはなぜハサミをふるうのか	山口恒夫	バラの誕生 　大場秀章
		つぼみたちの生涯 　田中修
		日本の森林 　四手井綱英

カラー版 極限に生きる植物 　増沢武弘	
日本の野菜 　大久保増太郎	
発 酵 　小泉武夫	
オシドリは浮気をしないのか 　山岸 哲	
ふしぎの博物誌 　河合雅雄編	

中公新書 自然科学 III

エントロピー入門	杉本大一郎
複雑系の意匠	中村量空
砂漠化防止への挑戦	吉川 賢
二酸化炭素と地球環境	大前 巌
南極発・地球環境レポート	斎藤清明
日本の樹木	辻井達一
森林の生活	堤 利夫
自然観察入門	日浦 勇
地震考古学	寒川 旭
火山災害	池谷 浩
宇宙をうたう	海部宣男
色彩心理学入門	大山 正
道楽科学者列伝	小山慶太
科学史年表	小山慶太
ガリレオの求職活動 ニュートンの家計簿	佐藤満彦
砂時計の七不思議	田口善弘
カーマーカー特許とソフトウェア	今野 浩
オッペンハイマー	中沢志保
月をめざした二人の科学者	的川泰宣
飛行機物語	鈴木真二
ノーベル賞の100年	馬場錬成